創業就是，做好一件
你真正想做的事！

一人創業

6つの不安がなくなればあなたの起業は絶対成功する

Norihiko
Sakamoto
坂本憲彥

劉錦秀 譯

推薦序——一步步教你度過創業初期的4大階段

回想從二〇〇五年創業的那一幕幕，很慶幸上天眷顧，讓我可以走到今天這一步。

創業之前，我曾在上市上櫃公司工作了近十年，創業對我來說就像是命運交響曲中一個意外的鼓點，突如其來卻又鏗鏘有力，直到現在十幾年過去了，我也陸續創辦與投資了幾間公司，對於創業，我始終抱持著熱血與興奮感。

很多人心中都有創業夢，從單純的想法直到落實，大概可分四個階段：

1. 有創業的念頭與想法

2. 思考該怎麼開始

3. 著手準備並盤點資源

4. 拚命

以一個創業家的身分受邀為這本書寫序，我很重視的是這本書到底能不能真正幫助到想創業的人。讀完之後，我覺得它是值得我花時間寫序並推薦給大家的一本書。

這本書很好入手，也會讓你一頁接著一頁往下看。它不只講觀念或方法，對應創業前期的四個階段，作者用自身豐富的經驗，寫出了創業路上，幾乎每個人都會遇到的思考盲點與內心掙扎，並告訴你遇到了這些困難，該如何找到答案，突破困境。

這本書不談太過高空的經驗，它並不是以大財團或已經擁有豐富創業資源的角度，而是用一個想創業的平凡人角度來告訴你：**你以為的平凡，其實有多麼不平凡，而你又該如何將它們變成創業資源。**

我很喜歡作者在書中反覆提到的ＵＳＰ。當年我從一個電商與居家產業的門外漢，零元創業直到今天，其實就是使用了這個方法。**我盤點出自己擁有哪些不同於他人的資源與條件，而這些都是你平常可能沒有注意到的寶藏。**

除了觀念之外，這本書幾乎是一步步教你如何度過創業初期。對於每一位曾經有過創業夢、正在思考該不該創業、已經在準備創業，甚至是已經創業的朋友，我建議你該泡杯咖啡，選一個你最喜歡的時段，把這本書從頭到尾看一遍，從中你會找到你曾經成功或失敗的影子。

最後我想與大家分享，如果你只想發財，真的不要來創業。因為理想是豐滿的，但現實是骨感的。除非你有理想、有夢想要改變世界，哪怕你想改變的只是這個世界的一小部分。創業之路葬人無數，夢想雖然美好但也充滿危險迷霧，你要有著熱血才能度過朝朝暮暮。

戀家小舖創辦人—李忠儒

推薦序——給有創業夢卻又止步的你，一劑「強心針」

想要創業的人很多，能邁出第一步的人卻很少，一大原因就是：每個人的「創業劇本」都不同，又沒有仙人指路保證我們走向「康莊大道」。

十六年前，我就是在這樣的迷茫未知之中，踏上創業之路。我在一年多前寫下自己在家創業的故事《我在家，我創業》，意外引起不小迴響，同時也收到許多居家創業者的提問，希望知道更多創業路上的眉眉角角。我深知自己的經驗只代表單一故事，無法完全解答所有創業同路人的問題，所以動用十多年來累積的人脈，創立臉書社團「我在家‧我創業」與居家創業者支援平台「Home CEO」，希望借重各領域創業家持續分享寶貴經驗與心法，協助在各自道路上奮鬥的朋友們。我也將更多創業細節，透過音頻課程「在家創業１０１」分享，希望讓更多人知道創業雖不易，但若真要開始，依照確切的步驟來執行，成功率會大大提高。

《一人創業》的作者坂本憲彥與我有著相同的夢想。他鞭辟入裡地點出創業者最常卡關的六個不安：生意點子、商業概念、創業資金、風險管控、足夠收入、專業知識，探討「如何破解」。利用「創業地圖」的概念，將所有創業相關的擔憂，實際一個個攤開來，理性研究解決之道。對於被「未知的恐懼感」所綑綁而癱瘓的「想創業者」來說，是非常實用的起步指南。當中許多內容讀起來真是教人點頭如搗蒜：六大「重點」、數個精闢「觀點」、實際的執行「步驟」，清晰明快點出問題所在，提供讀者諸多嶄新的思考角度。

我特別喜歡作者將思考「生意點子」分為「市場軸」與「個人軸」，並且強調從個人喜好出發的重要性。**旁人往往會給予我們許多「市場軸」的建議，但只有我們自己最清楚「個人軸」的意義與強大力量。**另外，創業資金的章節，想創業者絕對要好好一讀！許多人卡在「沒有資金」這件事，事實上，**並不是所有的創業方式都需要大筆資金才能起步，而是能否**

持續有收益讓事業逐漸運轉起來。

當中有一些讓人會心一笑的點，例如，**在醞釀階段「不提創業的事」**，我就很有感觸。我常想，如果我當初挺著大肚子到處問親友：「你覺得我該不該創業？」我肯定不會開始，更無法持續到今天！畢竟看外在條件，一個待在家的孕婦，一個從未涉足婚禮或服務產業的菜鳥，一個沒有資金和人脈的普通人，怎麼可能創業成功呢？**這世界對於想要創業的人，有著太多的質疑與否定，特別是對於身為母親的女性創業者。**

「妳能成功嗎？妳的孩子怎麼辦？妳在家創業，能有什麼大成就？」

這些「善意的提問」讓許多擁有專業技能和夢想的媽媽們卻步。

這本《一人創業》絕對是所有人應該優先閱讀的「強心針」！

在家創業者─凱若Carol

前言——你創業絕對會成功！

你創業絕對會成功！

你現在的階段，或許已經自行創業，正努力衝刺自己的事業；或許正如火如荼地在籌備自己的事業；又或許在腦海中想像「有一天能夠創業」。

不管在哪一個階段，你一定能夠順利創業，並且讓之後的事業愈做愈大。只是，在這之前，**你必須選對正確的方向**。

大家好，我是坂本憲彥。當了六年半的上班族，我深深覺得「如果再繼續這樣下去，不但日子無趣，還會一事無成」，所以毅然決然離開了無人脈可言的故鄉山口縣下關市，隻身飛到東京，展開我的創業之路。

這中間，當然有許多的風雨波折，但就是這些波折讓我後來能夠以創業導師的身分，與一萬多名的創業者、經營者談話，並給予實質的幫助。

在與這一萬多名人士談話當中，我隱約看到了「能夠順利創業的人」和「不能夠順利創業的人」有何不同。真難為情，我個人在創業初期也是什麼都不知道，只會橫衝直撞，所以做了很多蠢事，並且跌得鼻青臉腫。如果現在能夠搭乘時光機回到過去，看看剛創業時的自己，我會很想告訴當時的自己：「只要注意這裡就好！」或是反問那時的自己：「這真的是你想做的嗎？」並且提出許多建議。

不過，如果反向思考的話，我也認為：

「就是因為我有那段經歷，才會明白創業的可怕，才會知道在什麼地方容易跌倒。」

被稱為「商業天才」的人，會不自覺地從一開始就知道自己該怎麼做。這種人的確了不起。但是，如果從一開始就一帆風順的話，無法理解創業不順的心情和對創業的戒慎恐懼。另外，**這類的商業天才，是靠本能來察覺何時容易產生挫折，因此大多不善於向別人說明受挫的歷程。**

我不是天才，也不是商界名流，但是我認為，**可以透過再現性很高（會重複出現）的實際例子，去深入了解一個人的個性，並依據這個人的個性，為他想做的事情加油打氣。**

如果我只是強迫推銷自己的做法，絕對無法這樣連續鼓勵了一萬多人。今天，我有能力、有機會，而且不斷鼓勵別人，我的內心充滿了感恩。

這本書會透過具體的例子，告訴剛剛創業、已經準備創業，以及「希望有一天能夠創業」的新手們一些創業重點。譬如，我會建議他們：

「首先要注意這裡喔！」

「如果能夠朝這個方向前進，就不會自找麻煩了！」

創業有各種不同的形式。不論是何種形式，我相信好不容易有機會創業，**大家一定都希望自己的事業能夠為自己、家人、顧客帶來幸福。**事實上，只要掌握幾個重點，要創造「幸福的事業」並不困難，而且人人都做得到。

通常，人一害怕就會不敢動。就算勉強自己去做，也不會順利。在黑暗中，看到像妖怪的影子，任誰都會嚇得不敢動，要走向那個影子，一定舉步維艱。但是，如果點亮燈光，看清楚那根本不是什麼妖怪，而是樹木的影子，就能走出恐懼，跨步向前邁進。

創業也一樣。如果狀態是「不知道向前走會如何？」「不知道自己的選擇是否正確？」「不知道準備得是否充足？」就會躊躇不前，或者採取一些怪異的行動。

我想為這些人點燃一盞能夠抹去恐懼的明燈，並提供一張創業路徑圖（roadmap），這就是我寫這本書的目的。

與一萬多名的創業者交流與對談後，我把多數人會感到挫折、覺得恐懼的地方，也就是令大多數創業者惶惶不安的地方，大致區分成以下六種：

1. 找不到生意點子（business idea）[1]。
2. 不確定商業概念（business concept）[2]。
3. 創業資金不足，或籌募不到創業資金。
4. 創業之後，能夠持續經營下去嗎？
5. 自己的事業，能有足夠的收入嗎？
6. 自己所具備的知識和技術，真的足夠嗎？

這六個不安當中，你有幾個？是一個還是兩個？如果你的不安有這六個，我就可以幫助你了！

如果是不知道生意點子，就把它找出來，我會告訴大家尋找的方法。

如果是商業概念，只要思考構成商業概念的三個要素。

如果是資金不足，就好好計畫，我會告訴大家計畫的方法。

1 **生意點子（business idea）**：商業點子、商機。
2 **商業概念（business concept）**：生意概念、經營概念。

至於創業後的風險，只要做好準備就可以管控。風險管控得宜，不管你經營的商品是哪一種，至少營收可以讓你養活自己和一家人，而且任何種類的商品都適用。

專業知識和技術，則可以在創業之後再逐漸提升，我會告訴大家幾個快速累積實用知識和技術的方法。

我再強調一次，**能夠消除「生意點子」「商業概念」「創業資金」「風險管控」「足夠收入」「專業知識」這六個不安，你創業絕對會成功！**我已經為大家準備好了通往成功之路的路徑圖，本書就是為了不讓創業者像我一樣迷失方向、跌跌撞撞所編製的地圖。

我相信這本書不但可以幫你，也可以讓你的家人笑開懷。成功的創業者愈多，國家就愈有活力，大家的未來一定是一片光明。

讓我們一起創造璀璨的未來吧！

Content

第2章　靠真正想做的事情創業

第3章 從0開始籌募創業資金

第4章　創業後輕鬆管控風險

第5章 透過真正想做的事情獲得足夠的收入

重點 1

生意點子

對做生意沒啥概念……
但就是想自己當老闆啊！
到底要怎麼找到好點子呢？（抓頭）

觀點 1 思考生意點子的方法有兩種：一是市場軸，二是個人軸

觀點 2 從市場軸創業易失敗，從個人軸創業易成功

觀點 3 最好透過自己真正想做的事情創業

觀點 4 反覆思考自己真正想做的事情

步驟 1 想清楚以上 4 點，然後進行 brain dump ！

brain dump 是先把自己腦中想到的所有事物都寫在紙上，再從中篩選出自己想做或應該做的事情。用最具權威的自我分析方法，徹底解剖大腦。

步驟 2 自己真正想做的事情？

一定能夠找出只專屬於你的生意點子！

步驟 3 具體內容，請看 37 頁

重點 2

核心概念

如何把想做的事情，
變成一門生意呢？
「賣給誰？」「賣什麼？」「USP呢？」

觀點 1 核心概念＝「賣給誰」×「賣什麼」×「USP」

觀點 2 如何決定賣給誰？

觀點 3 如何決定賣什麼？

觀點 4 如何決定USP

步驟 1 最重要的核心概念，其實很簡單

就是「傾聽顧客的聲音」！

步驟 2 如何聆聽顧客的聲音？

認真傾聽顧客的聲音，並改善核心概念三百次，不管做任何生意一定可以成功。

步驟 3 具體內容，請看 75 頁

重點3

創業資金

最大問題就是錢啊……

要怎樣才能擠出創業資金呢？

跟家人借？跟銀行借？跟地方政府借？

觀點 1 **資金有兩種：一是開業資金，二是周轉資金**

觀點 2 **學會記帳**

做生意一定要會統計管理（count management），要創業卻逃避統計管理，絕對行不通。

觀點 3 **在個人資金充裕／不足的情形下創業會如何？**

如果在不足的情況下，可以爭取其他公司的支持，然後借錢。

觀點 4 **債務有「好的債務」和「壞的債務」之分**

借貸對象有：家人、政府體系的金融機構、地方自治體（地方政府）、民間金融機構、群眾募資（crowdfunding）等。

觀點 5 **從 0 資本，開始創業！**

步驟 1 **重點在於心態**

只要你是認真的，就算沒有資金，一樣可以創業。

步驟 2 **具體內容，請看 131 頁**

重點 4

風險管控

壓低經費來控制成本？
找出自己的獨特技能？
還是要犧牲生活品質？

觀點 1 自雇者（self-employment）最大的風險，就是收支無法平衡

觀點 2 清楚自己的風險容許度

觀點 3 最大的避險利器是業務能力

觀點 4 徹底管控經費

觀點 5 邊上班邊創業

步驟 1 研究能夠控制經費、降低成本的商業模式

步驟 2 具體內容，請看 163 頁

重點 5

足夠收入

想要「幸福創業」，就要有「足夠收入」，
但……有這麼好的事嗎？
要怎麼生出這種商業模式呢？

觀點 1 好好思考自己的生活模式

觀點 2 銷售額（營業額）的構成要素

銷售額用「集客數 × 商品單價 × 銷售成交率」來計算。核心概念中的「賣給誰」，會嚴重影響集客數；核心概念中的「賣什麼」，會嚴重影響商品單價；核心概念中的「USP」（獨特性），會嚴重影響銷售成交率。

觀點 3 銷售流程的基礎就是核心概念

銷售流程（sales flow），指的是前端銷售（集客商品）和後端銷售（收益商品）。視狀況，最好也備妥中端銷售。

觀點 4 獲利模式

有「好的獲利模式」和「壞的獲利模式」。

步驟 1 人人都可以建構自己適用的獲利模式

步驟 2 具體內容，請看 191 頁

重點 6

專業知識

自我懷疑、專業不足、惶惶不安……
這樣弱弱的我，
也可以創業嗎？

觀點 1 擺脫知識不足的迷思

觀點 2 不是只有強者會成功，弱者一樣可以成功

觀點 3 用這種心態和思維，蒐集必要知識

看十本與自己業種相關的書籍；把蒐集到的資訊，透過社群網站或部落格對外分享；不要只盯著資格或證照；踏出自己的領域；偶爾到人多的地方看看；主辦活動；還沒嘗試就先嫌棄，很可惜。

步驟 1 認清弱點

只要能夠認清自己的弱點，並不斷改善，你創業絕對會成功。

步驟 2 具體內容，請看 235 頁

Chapter 1

第 1 章

誰でも見つかる「ビジネスアイデア」

人人都可以找到生意點子

何謂經商——個人軸與市場軸

我們從一個最簡單的問題進入正文。這個問題就是「何謂經商？」

經商是做生意、做買賣。追根究柢就是「提供什麼給顧客，然後收取等價報酬」。因此，實際做生意時，只要有「提供物」和「顧客」就可以開始了。

「這不是理所當然嗎？」

或許有人會這麼想。但是，**一旦自己想做生意，這種基本常識就會自動在大腦中消失**，所以我希望大家能夠留意到這一點。

做生意時會出現兩個軸，一個是「個人軸」，一個是「市場軸」。

個人軸就是以自己為中心的軸，譬如，你能夠提供的東西、你想傳達的訊息、你想做的事情等等。市場軸顧名思義就是以市場為中心的軸，譬如，顧客的需求、當時的潮流等等。**「你的商機」就在個人軸和市場軸的交集處。**

要學習建立自己的事業，可以用這兩個方法。雖然能夠兼顧個人軸和市場軸的地方就會有商機，但是以哪一項為主軸，還是會讓你的事業方向截然不同。

如果以個人軸為主軸來思考的話，想法會如下：

「我擅長這個，我喜歡這個，所以我想尋找跟我的喜好一致的顧客，然後再配合顧客，提供我所擅長的服務。」

相對於此，如果以市場軸為主軸來思考的話，想法又會如下：

「現在這種需求在市場上是主流，所以我也要提供符合市場潮流的商品或服務。」

這兩種想法和做法都沒錯。畢竟，如果不能讓你和市場融合在一起，生意就做不起來。

但是，在我看了那麼多人的創業之後，我發現，**從「市場軸」去思考的生意，幾乎都以失敗收場。**

以門檻高的「市場軸」思考的生意

通常一般人都會有這種傾向：為了趕上潮流，把並非自己想做的事情當成事業的主軸。但是我完全不建議這種創業型態。

因為，**在生意上軌道之前，創業者本人就會覺得不耐煩了；縱使上了軌道，也會覺得空虛，沒有踏實感。**

不論選什麼樣的主題來做生意，都需要一定程度的努力。

就算你有經商的才能，就算你是業務老手，也都無法改變這個事實。如果你因為「這個東西似乎有賺頭，但其實自己完全沒興趣」而選擇了創業，縱使有心向前邁進，也無力持續。如果勉強為之，只要一碰到小小的障礙，馬上會有挫敗感。

一般來說，順著潮流走的生意，通常都會出現很多競爭者。在這麼多的競爭者當中，有熱愛這種生意的人，有很會做生意的人，也有資金相當雄厚的人。

經驗、資金等條件皆不如人的創業新手，想要在這些競爭好手當中輕鬆賺到錢，並不容易。我想，聰明的你應該都能理解吧？

有能力解讀市場軸，有本事配合當時的需求改變生意模式的人，只有商場的老將和被譽為生意子（臺語）**的天才們。**

「我是營商天才！」

敢這麼說的人，當然可以靠「市場軸」來創業。不過，我個人還是建議不要貿然打這種消耗戰，最好能夠把自己熱愛的事情轉化為生意，**享受做生意的樂趣**，從這樣的「個人軸」開始出發。

以門檻低的「個人軸」開始的生意

以「個人軸」為中心，去思考什麼樣的生意，可以把自己想做的事情提供給顧客，並博得顧客的歡心。這種生意或許並不符合時代的潮流，或許無法回應很多人的需求，但是，做這樣的生意其實有很多的好處。

首先，因為這是你真正喜歡的事情，你不會感到不耐煩。

從前有句話說：

「真正的生意絕不會讓人厭倦。」

把不會厭煩的事情當成賺錢的生意來做，無論碰到多少障礙，都不會輕言放棄，而且會努力克服。但是，**抱著敷衍心態創業的人，因為一碰到障**

礙就會退縮然後放棄，於是永遠無法突破這道肉眼看不到的障礙。

另外，因為這是你真正想做的事情，除了會求知若渴之外，對顧客也很容易產生同理心。

要了解顧客購買你完全沒興趣的商品或服務的心情很困難，但是，如果顧客和你一樣感性，要感受這種顧客的心情就不難了。不但不難，你還會樂在其中。

還有，因為你可以用自己的步調做生意，也能慢慢累積經驗。

然而，假設透過「市場軸」所選擇的生意，像中了頭彩一般非常成功，會如何？生意好，每天就忙著應付很多客人；忙著應付客人就沒有時間累積經驗；經驗不足就會遭到客訴；忙著處理客訴就會怠慢新的顧客……總之，就是可能會陷入這種惡性循環當中。

透過個人軸開始的生意，或許在剛開始顧客不多，但是可以用一對一的方式，接待真正想了解你所提供的商品和服務的顧客，並且在傾聽他們的聲音之後，致力於商品和服務品質的改善。

用這種深耕顧客的心態，慢慢累積自己的商務經驗，讓事業在穩定中成長。你不認為這樣的經營模式很健全嗎？

我們倒過來說好了，假設你不是老闆，而是小型企業的客戶，我想你應該就很容易想像上面那段話的意思。

假設有兩家店。一家店，你一進門就知道，這家店對自己的商品和服務，完全沒有投入任何感情和心思。老闆不快樂，也完全不想學習新的知識。店員對你這個客人不理不睬，沒有一丁點想要了解你感受的意思。

另外一家店，你一進門就知道，這家店有多麼愛自己的商品和服務。老闆快樂，又肯用心提升服務品質。店裡的人不但會用心傾聽你說的話，還會努力滿足你的需求。

如果是你，會想在哪一家店買東西？就算價錢稍微貴一點、店鋪規模稍微小一點，一般人應該還是會想走進後面那家店吧！如果你要買的東西對你而言無關緊要，或許只會看價格來選擇。但是，如果對你而言，這是經過深思熟慮之後才決定要買的東西，自然會想在一家有溫度、有人情味的店購買。

如果你想創業，首先我希望你知道：**從重視「想做」意願的「個人軸」進入的生意，成功的機率會比較高。**創業成功，你、你的家人、顧客等很多人，都可以過著快樂的每一天。

「但是，我不知道我自己到底想做什麼……」

「我不認為我自己想做的事情可以變成一門生意……」

就算你這麼想也沒關係。在你閱讀本書的過程中，這些答案都會愈來愈明確。首先，就把「自己想做的事情放在生意的主軸上」。

我自己就有靠「市場軸」做生意卻失敗的經驗。我所瞄準的市場，是現在仍然很夯的英語會話。

這是我到東京生活了幾年，已經累積了一些創業經驗的事情。

當時，我周遭的英語會話市場非常壯觀，進入門檻可謂非常低。我認識一流的英語老師，也有「想學英語」需求的潛在顧客，多到可以用千為單位來評估。我認為「這條路可行」，就邁開腳步了。結果，這條創業之路我走得並不順利。

我的商品，也就是英語，是一流的，我也有顧客，但就是不順利。當時，我百思不得其解。然而現在，我很清楚是什麼原因了。

因為我本身對「英語」這個商品，完全沒有興趣。

當然，我認為會說一口流利英語的人很帥，能夠在英語這門生意上獲致成功的人更是了不起。只是，就個人興趣而言，我對英語並沒有那麼熱愛，這就是我失敗的原因。

我的腦中想理解想學好英語的人的心情，但是我的心卻沒有投入相對的心血。於是，我成了這個市場上的被動者，無力反擊其他的競爭對手。

事實如此，我只能黯然退出英語會話的事業。

然而，在巨大的英語會話市場栽了跟斗的我，卻靠著商業教育事業做出了閃亮的成績。

就市場的難易度來說，我認為要進入商業教育事業的市場，比進入英語會話事業的市場更難。我開始做商業教育事業的初期，經營條件不如我開始做英語會話生意的時候，但成果是輝煌的。

這之間的不同到底是什麼？

我只能說：

「因為商業教育事業是我想做的。」

看到那麼多的人，透過我的商業教育成功獲利也得到幸福，我為他們感到相當高興。
因此，我就會廢寢忘食舉辦各式各樣的活動。
這種投入的思維滲透到這個事業的每個角落，結果就是不斷刷新成績。
這真的是我個人最深切而真實的感受。

尋找「真正想做的事」的方法

前面談到，如果有機會創業（或者剛剛創業），最好不要去迎合市場，而是把自己真正想做的事情放在事業主軸上，再從中去摸索出切合市場的商業模式（business model）。

聽到我這麼說，很多人都會面露不安：

「言之有理，與其一窩蜂地做同樣的生意，大家殺得天昏地暗，不如知道自己喜歡做什麼，然後再把自己所喜歡的事情變成生意，慢慢做大。但是，我真的不知道自己想做什麼……」

「我贊成以個人軸做生意。但是我沒有特別熱中的喜好。做自己喜歡的事情，真的能夠填飽肚子嗎？」

我了解大家的擔心。

即使我現在敢抬頭挺胸大聲說「我的使命就是商業教育！」但是在創業初期，我也沒有這種熱情和自信。

不過，只要先弄清楚自己想做的事情，就會產生這樣的思維：

「我不會浪費無謂的時間、金錢、勞力。」

「我不希望今後想創業或剛剛創業的人像我一樣吃那麼多苦頭。」

不會有問題的！你的「體內」一定藏有「真正想做的事情」。不論它是什麼，變成一門生意之後，你就可以靠著它生活度日。

曾經接受過我支援的人，全都找到了自己想做的事情。

只要照著本書寫的去做，你一定也能找得到，並且將它變成一門生意或事業。

接下來，我就要告訴大家如何具體且深入挖掘「真正想做的事情」。

如果是男性的話，或許就是騎馬打仗當英雄，或許你還有什麼特別的蒐集品。如果是女性的話，或許就是扮家家酒，或許妳還會模仿媽媽的打扮。總之，請回想自己小時候最著迷的事情。可以的話，我希望大家回想國小低年級前所做過的事情。

小時候著迷的事情都很單純。「不要再玩了！」「你還有其他事要做吧？」即使被爸媽叨唸，你也會回嘴「再玩一下下啦！」然後繼續玩。就算挨罵，也一樣樂此不疲。

它們就是在你體內沉睡的「想做的事情」的鑽石原石。

我的意思並不是說，「小時候喜歡騎馬打仗，就把這個遊戲變成事業」，或是「你想做的事情，就是玩扮家家酒」。小時候喜歡做的事情，雖然是一顆鑽石原石，但是你並不知道這顆原石是否與你的事業有什麼直接的關聯。

不過，沒關係，至少你喜歡做這些事情，已經是不可撼動的事實。而這裡面，一定有讓你願意投入熱情的「要素」。

譬如，如果你喜歡玩騎馬打仗，或許是因為你喜歡表演，或許是因為你喜歡設定遊戲規則，或許是因為你喜歡交朋友，也或許是因為你喜歡當英雄的自己，又或許是因為你喜歡伸張正義。

譬如，如果妳喜歡玩扮家家酒，或許是因為妳喜歡下廚的畫面，或許是因為妳喜歡帶孩子，也有可能是因為妳喜歡和朋友相處的那個空間，又或許是因為妳喜歡角色扮演。

總之，請回憶一下小時候的自己會主動一直去玩的遊戲，然後思考這個遊戲的什麼地方讓你覺得最有魅力。

當然，你喜歡的遊戲或許不止一個，你喜歡的遊戲會讓你覺得有魅力的地方或許有好幾個。沒關係，這都很棒。

因為在現階段，這只是一個讓你找出自己想做的事情的方法，不必想太多，放輕鬆，像玩遊戲一樣努力尋找就可以了。

讓思緒在小時候的自己身上飛馳，真的很快樂。

做生意不是皺著眉往前衝，才能做出成績。

生意、事業要做得長長久久，經營者一定要有「快樂」的心情。經營者不快樂，便無法讓顧客展露笑臉。

請大家高高興興、快快樂樂地回憶吧！

方法2 寫出「日常所做的事情」

你真正想做的事情，並不只沉睡在小時候的記憶裡。你在日常生活當中會做的事，也埋藏著寶藏。

現在，不是你的義務，而你卻一直在做的事情是什麼？**你會把偷來的工作和家事空檔，拿來做什麼私人的事情？**

可以的話，我希望你能夠篩選沒有特定目的的事情，譬如與「對將來有幫助」「如果不會就很丟臉」無關，只是因為覺得快樂就去做的事情。

這件事情或許是閱讀，或許是某種特定的嗜好、興趣，又或許是寫部落格文章。

這件事情如果具有生產力、生產性，會比較容易建構商業模式。但在這裡，你所寫的事情，**就算不是一種具有創造性的活動也沒關係。**有人靠直播自己玩遊戲而坐擁大筆收入；有人靠寫整理影視資訊的部落格賺取廣告收入……這就是現今的時代。

和找出小時候感到快樂的事情一樣，我希望你不要給自己太多的限制，只要輕輕鬆鬆地寫就好了。

已經是成年人的你，會撥時間優先去做的事情，一定有它的意義。

對你而言，這件事情一定具有特別的價值，這裡面也一定有「想做的事情」的要素。

你想的「那個」，雖然不是全世界的人都在做，但也不是全世界只有你在做，所以，**如果你可以為和你有同樣嗜好的人提供什麼，就可能獲得對等報酬。**

「不，我不認為我平常在做的事可以變成一門生意！」

有人或許會這麼認為。但是，這個問題留著以後再思考，現在就是輕鬆地把日常會做的事情寫出來。

「目前已經有人把我做的事情變成一門生意了，但我想我還沒有到達那樣的水準……」

有人或許會畏縮。但是，**不是任何生意都必須有專業的水準才能賺到錢。**你還是可以透過方法提供你的價值，所以不要太在意自己的水準，試著把日常會做的事情列舉出來。

方法3 寫出「做起來得心應手的事情」

除了前面兩個方法外，你也可以想想其他的方法。

譬如，你是否有不自覺就會做，可是別人卻說「你怎麼可以做得這麼好？」「你能夠一直做真是太了不起了！」的事情？

或者是，你是否有自認為「會做這個不是很平常嗎？」可是卻能夠讓別人快樂、得到他人感謝的事情？

或許這些事情你做起來格外得心應手，所以感覺不到它們的價值。但是看在別人眼裡，卻是他們非常渴望獲得的閃耀才能。

我想人人應該都會做一些對他人而言「做得非常好又令人羨慕」的事情。只是，做的人沒有感受到這些事情的價值，或是就算受到誇獎，自己還是認為：「這種事不是很一般嗎？」

總而言之，只是你沒發現而已，你一定有這樣的才能。

不過，這種才能有一種特質：**別人稱讚了之後你才有感覺，在此之前，你很難發現它能夠成為某種生意、某種事業的核心。**

換言之，這種才能的出現方式，會有天壤之別。

有人很會唱歌、有人很會畫畫、有人很會運動、有人很會跳舞、有人不覺得寫文章是苦差事、有人計算數字的速度又快又正確。

另外，有人擅長鼓勵別人、有人甘於做辛苦的幕後工作、有人在人前說話完全不會緊張。

對當事人而言，這麼做就像呼吸、刷牙一樣自然，所以完全不會注意到裡面的價值。如果換個立場來看，其實人人都有能讓別人稱讚「厲害」的才能。

一個人想或許很難，但只要用心回頭看，或許會有有趣的發現。

方法4 寫出「自己的弱點」

到目前為止，我都把焦點放在你的強項上。但是，你認為是短處、弱點的事情，或是覺得自卑的事情，其實轉個念頭，也可能藏著驚人的價值。把你的短處翻轉過來，就有可能變成你的長處。你一時想不起這種才能，或許是因為你會很多的事情，所以樣樣都會卻樣樣都不精通。靜不下來的人，活動力或許特別強；喜歡窩在家裡的人，或許有本事一直埋頭做同一件事情。

最重要的是，**你心中的自卑到底是什麼？**只有了解這種心情的人，才有資格去幫助和你一樣有這種自卑的人。

生意要順利的最大祕訣，就是認真傾聽顧客的聲音。

因為如果不了解顧客的心聲，顧客就不會再上門，最後生意當然無法再繼續做下去。

你的心會痛，一定是顧客在向你求救。

另外，在這裡我還想告訴你一點：**你不需要克服你覺得是弱點或是自卑的事情。**

提到創業家，大家的刻板印象就是，這個人一定堅忍不拔，這個人一定非常氣派且有才幹。但事實上完全沒這回事。有的老闆看到數字就頭大；有的老闆有嚴重的緊張症（Catatonia）；有的老闆一直在做自己擅長的事，所以一碰到棘手的事情就完全不行；有的老闆會因為客人的一句話就失魂落魄。

但是，我認為這樣也沒什麼不好。

只要在弱的條件下，追求成功就可以了。

我也不是一個完美的人。我不會的事情還是很多。雖然如此，我的事業仍然做得很順利。我並不是在談什麼人生大道理。

我常在想，你透過自己想做的事情貢獻社會，光明正大地收取對等報酬，進而在大家提供所需、互相支持之下過日子，不就是本來應該有的狀態嗎？

我個人非常喜歡這句話：

「發揮強項對社會是一種貢獻，但克服弱點卻是一種自我滿足。」

我認為這句話說得一點都不假。

人本來就不完美，所以根本不需要讓自己完美。

我努力發揮自己擅長的商業教育技巧，讓更多人得到激勵，就是一種社會貢獻。但是，假設我現在努力學我不擅長的英語，就算出國能說上一兩句，這對社會有貢獻嗎？我認為這不過是一種自我滿足。

這種狀況不限於我的例子，現在正在看這本書的各位也一樣適用。

做你想做的事情，然後讓你所做的事對社會有貢獻就好了。

你不擅長的事情，自有別人擅長。只要彼此都能茁壯成長，我認為就是最完美的結果。

方法5 問別人關於自己的事情

小時候喜歡的事情、能夠持續做下去的事情、可以做得得心應手或得到他人感謝的事情、自己的弱點……這些都是我建議的方法。但是，全都要靠自己一個人去想，還是有限的。

當然，一開始我建議最好靠自己想，但是在思考的過程中，如果覺得「進展得不順利」或「已經精疲力盡」時，不妨去問問別人。

小時候的事情，或許只能問父母、兄弟姊妹，或童年的玩伴，但是其他的事情，就可以問朋友、同事、夥伴，或許會有「哇，原來別人是這麼想我的」的新發現。多問幾個人，還可以找到共通點。

「問別人」並不表示一定要問熟悉你的人。如果有機會問不太了解你的人，甚至是初次見面的人，我認為都不錯。

和熟識你的人比起來，不太了解你的人所說的話，有時的確會偏離主題。但是，**對於你給別人的「籠統印象」，他們卻能夠一語中的，說得十分精準。**只要不擦槍走火，我建議你就積極地問。

問別人有關自己的事情時，要注意以下幾點。

第一點，「不能對別人所說的事情生氣」。

雖說理當如此，但是問別人「我是什麼樣的人？」時，難免會聽到一些難聽、令人不舒服的話。

有人就是會冒出一些令人火冒三丈，或教人匪夷所思的話。如果你因此生氣，將會得不償失。難得有機會可以聽取坦率的意見，**就算對方所說的意見讓你一臉無奈，也要保持風度對他說：「謝謝你告訴我這些！」這種態度對你將來處理客訴問題會很有幫助。**

第二點，「不提創業的事」。

你會開口問，是為了尋找創業的點子，但很多時候，就算告訴對方，也未必會得到認同。當然也有例外，假設你問的人正好和你一樣也想創業，那就另當別論。若非如此，這些人可能會給你一些沒有必要的主意：

「最好不要創業！」

「我不認為這個點子可以變成一門生意！」

這種話都會讓人想踩煞車。

因此我認為，**最好以「好奇心」為出發點來發問，比較能夠問出有意義的意見。**

最後一點，就是「多問一些人，不要太過被某人的意見牽著走」。

無論你多麼相信一個人，也不要只問一個人，一定要盡可能多問一些人。**建議至少要問十個人。**

不管是什麼樣的人，都擁有多方面的魅力，你也不例外。如果只問一個人的看法，便認定「我就是這樣的人」，真是浪費了你這個人才。而且，只問一個人，問的廣度和深度都會受到限制。多問一些人，才能找出共通的項目。只問少數幾個人，是做不到這一點的。

我要補充一點：不論聽到什麼樣的意見，都不要太過被這個意見牽著走。用心傾聽固然重要，但要不要採納這個意見還是得看自己。

縱使別人一直強調「你就是這樣的人」「你就是擅長這個」，也不需要把你沒有興趣的事情、無法投入熱情的事情，當成是一門生意。

最重要是「個人軸」。

問別人，畢竟只是一種補充的方法，所以你只要單純詢問別人的意見就好，如果被要得團團轉，可就本末倒置了。

為了看清全面的自己，積極詢問他人意見時，請留意以上幾點。

大家覺得如何？一開始不是那麼清楚沒關係，總之，就是積極找出自己想做的事情。

以上我所建議的方法，雖然都有共通的地方，但是，**只要在思考的過程中，會讓你覺得憂鬱、感到被強迫，或是心煩意亂，它們全都不是你「真正想做的事情」。**

反之，**會讓你覺得快樂、有想像空間、燃起你使命感的事情，就是在暗示你，這是你「真正想做的事情」。**

這話絕對不是甜言蜜語——真正想做的事情，真的可以變成一門生意。

現階段，請你坦誠面對自己的感受，認真找出想做的事情。

用 brain dump，徹底解剖你的大腦

如果你已經照著我前面寫的去做了，我想有人會發現：

「原來我真正想做的是這個！」

也有人會恍然大悟：

「我以前就隱約有感覺……沒想到果然是這個！」

抑或是，有人會情不自禁地想像：

「言之有理。雖然我不知道這個能不能變成一門生意，但或許我已經找到想做的事情了。」

然而，不論你有沒有照著我前面寫的去做，只要你覺得自己想的事情還不是那麼清楚，我建議你把自己的大腦徹底「解剖」來看看。

當然，我要你解剖大腦，並不是要你真的去接受大腦手術。接下來我要

介紹的這個方法叫作「brain dump」，這是自我分析最具權威的方法。

做法很簡單，就是在一個完全不受打擾的空間，把你腦子裡想到的事物全寫出來，而且盡可能在時間充裕和腦袋放空的狀態下進行。

總之，把腦袋裡的事物統統倒出來。也就是到今天為止，過去所體驗過的事情、約會過的對象、學過的才藝、對你而言的重大事件、順利的事情、不順利的事情、做得好的事情、做得不好的事情、幸虧沒做的事情、現在自己所處的環境、現在所想的事情、將來想體驗的事情、將來想要的東西、想和某人在什麼地方做什麼……

沒有一定的格式，你想怎麼寫都可以。有人用條列式的寫法，有人則喜歡畫成心智圖（Mind map）。

有人像得了失心瘋一般，連續寫上好幾天；也有人趁著有想法時，卯足勁拚命寫。不管用什麼方式，只要能夠把自己想得到的事物統統寫出來，就是最理想的。

真的要把腦袋裡所有的事物都寫出來，並不容易，但是對你來說，思考記憶深刻的事情、對你有（好與壞）影響的人、現在所擁有的有形與無形的財產、未來想做的事情，會是一種很刺激的體驗！

做完brain dump之後，再客觀檢視，從中找出共通點，或從中去發現「真正想做的事情」。

另外，在過去、現在、未來的時間流當中，你也可以俯瞰自己，並思考該如何選擇才能接近最理想的未來。

最理想的做法是，**把你透過brain dump所寫的內容，拿去請已經創業有成，而且是你完全信任的人過目，並順勢請教：**

「請問您認為我該做什麼樣的生意比較好呢？」

這種做法，效果奇佳。

不好意思，以下讓我自吹自擂一下。我在自己開辦的創業學校「坂本立志塾」，就會讓學員做brain dump，我再根據學員所寫的內容給予建議。

這一來一回當中，出現了許多驚人的發現。

譬如，有學員說：

「怎麼可能！我從沒想到這個可以變成一門生意！」

也有學員說：

「過去的經驗和完全不相關的技巧組合在一起之後，竟然會產生這麼大的價值！」

最知道你的事情的人，就是你自己，這句話一點都沒錯。但是，能夠正確解讀、客觀檢視你的事情的人，卻未必是你。

尤其是，人在不知道「自己是否真的可以做生意」的不安狀態下，很多時候心門就像裝了一個過濾器，很難注意到自己擁有的價值。

因此，可以的話，我希望你能把所寫的內容，全都攤在有做生意經驗，並且已做出成績的前輩面前，請他們指導並給予高見。

如果這位前輩是有心的創業家，我相信他不但不會厭惡你的認真請求，還會敞開雙手歡迎你來問他。

這麼做需要勇氣，但是只要有機會，一定要試試看。

進行 brain dump 的方法

步驟 1 **書寫方法**

找一個不受任何人打擾的地方，把腦子裡想到的事物全寫出來。在時間充裕、腦袋放空的時候做，效果最好。

步驟 2 **書寫內容**

從出生到現在還留在記憶裡的事情、給你帶來好影響和不好影響的人或物、曾經發生過的事件、有形無形的財產、未來想要的東西……將你腦袋中的事物花一天或花幾天來寫都可以。

【範例】最少要寫 100 個！

① 以前所體驗過的事情

② 以前約會過的人

③ 上過的課、學過的才藝

④ 對你而言的大事件

⑤ 順利的事

⑥ 不順利的事

⑦ 做得好的事

⑧ 做得不好的事

⑨ 幸虧沒做的事

⑩ 關於現在的環境

⑪ 現在正在思考的事

⑫ 將來想體驗的事

⑬ 想要的東西

⑭ 想做什麼（如何、和誰、在何處……）

⑮ 喜歡的人、討厭的人

⑯ 受影響的人

⑰ 喜歡的書、喜歡的電影、喜歡的食物

案例2 靠心理諮商創業的三木先生

三木先生是我的「坂本立志塾」的一位學員。

創業之前，他在某企業工作。由於業務繁雜吃重，他一直無法適應，身體狀況一天比一天糟糕，最後連心靈都崩壞了——他罹患了我們一般所說的「憂鬱症」。

有過這種經驗之後，三木先生發下誓言：

「我希望能夠幫助像我一樣心靈崩壞的人，至少能讓他們活得輕鬆自在一些。」

雖然三木先生沒有讀過任何和這方面有關的書籍，但是在勤奮學習之下，終於通過考試，拿到心理諮商師的證照。

事實上，面對自己的憂鬱症，三木先生只是坦然接受「我很脆弱」的事實，再將自己的經驗轉化成想幫助別人的實際行動。

用嘴巴講很簡單，要坦然接受自己的脆弱，並將自己的脆弱轉化成

「正向的力量，真的不是一般人能夠做到的。由此可見，三木先生想做的信念有多麼強大。」

在心理諮商的項目中，三木先生選擇了難度非常高的「恐慌症」來創業。他以專業心理諮商師的身分，專為恐慌症患者提供服務。現在，他每個月都會協助五十多名的患者對抗恐慌症。

Chapter 2

第 2 章

本当にやりたいことで起業する方法

靠真正想做的事情創業

創業必須思考的只有3點

如果照著第一章所寫的去做，我想你應該已經看到自己真正想做，又可以用來當作生意，而且能放手一搏的事情。

有人或許已經確信「這件事情自己永遠做不膩」，而且找到了相當清楚的個人軸。

或許也有人仍舊覺得：

「這真的是我想做的事情嗎？」

「想做的事情出現了好幾個，要鎖定一個真的太難了！」

不管是哪種情形，要讓商業點子、生意想法，變成一門真正的生意、真正的事業，還必須根據另一個「市場軸」，把它們修改成商業模式。這一章，我就要告訴你，如何「將想做的事情，修改成商業模式」。

隨著本章的介紹，我想你的商業模式會愈來愈明確，甚至可以確實感受到，原本還半信半疑的「自己真正想做的事情」中的商機。

一聽到要談「生意」，很多人會全身僵硬。但事實上，創業必須考慮的只有三點。這一章，我們就來談這三點。

不論是上市上櫃的大型企業，還是個人經營的小公司，都必須徹底思考這三點。

如果你能認同接下來我要介紹的這三點，不論你做的是什麼樣的生意，一定都能茁壯成長；反之，不論你投入多大的資本，只要偏離了這三點，你的事業都不會成功。

我把雖簡單卻深奧的這三點，稱為「核心概念」（core concept）。

這三點是商業的核心（core），所以不論你是要開創新的事業，還是要重新檢視目前的生意，我都強烈建議你先思考這個核心概念，再考慮其他具體的細微事項。

到底是哪三點？我想現在大家的心情應該是既期待又害怕吧？其實這個核心概念的公式非常簡單：

核心概念＝賣給誰×賣什麼×USP

就只有這樣而已。

也就是說，你能夠透過什麼樣的手法、什麼樣的獨特性（Unique Selling/Proposition，USP），將什麼樣的商品或服務，送到什麼樣的顧客手上？

只要這個核心概念夠明確、具有魅力，而且願意為它掏腰包的人達到一定人數，不論你真正想做的事情是什麼，都能變成一門生意。

反過來說，如果在提出核心概念的過程中，目標顧客群嚴重偏離、提供商品和服務的方法不受青睞、顧客沒有理由向你購買，就算你所做的生意符合時代潮流又有賺頭，最後還是會以失敗收場。

你認為有魅力的商品和服務當中，應該就有與你契合的核心概念。

或許你平常並不會有這種感覺，那麼你不妨回想一下會吸引你掏錢購買的商品。

生活必需品可能讓人比較無感，建議你想一下不會大量販賣的嗜好品[3]。我想嗜好品對你而言，應該比較容易想像它的核心概念。

譬如，西裝、去過好幾次的餐廳、飾品、蒐藏品，或者是可以從網路下載的資料、直播節目等無形服務……

不管是哪一種，反正會讓你的心靈得到滿足，而且有「這個我喜歡！」「幸好買下來了！」的感覺的東西，就是核心概念與你契合的商品或服務。

先有了這種感覺，再來思考自己的生意、事業，應該就可以理解要有明確核心概念的意義和價值了。

縱使購買人數不多，我還是建議你，要賣就賣能夠讓顧客信服，而且是

---

3 **嗜好品**：滿足個人喜好，讓味覺、視覺、嗅覺有快感的飲品或食品的統稱。譬如飲料、茶、酒類、糕餅等等。

身為賣方的你認為「這就是我要的東西！」其實，你只是在提供自己真正感興趣、真正想做的商品和服務，但卻能得到顧客發自內心的感謝，甚至讓他們繼續上門購買。

這不就是一種商業模式了嗎？有賣方，也有買方，就是一種做生意的形式了。

簡單來說，做生意就是要不厭其煩，一直提供讓顧客喜愛的商品和服務。因此，我們要思考的，就只有這三點——

賣給誰、賣什麼、USP。

接下來，我要具體說明，如何使用這三個要素建構核心概念，請大家繼續往下看。

建構核心概念的3要素——「賣給誰」「賣什麼」「USP」

前面提到核心概念裡，有「賣給誰」「賣什麼」「USP」這三個要素，每一個都有重大意義。

而且，這三個要素並非各自獨立，而是會相互影響，所以請先有一個認知：思考這三個要素時，並不是一開始先考慮這個，其次再思考那個……你要來來回回在這三個要素中思考，最後再定出一個核心概念。

我也會在後面詳細說明：核心概念並不是只提出一次就結束了。

一般來說，第一個提出的核心概念，都是在桌面上完成的。這個核心概念一旦放入市場進行實際測試，會出現各式各樣的反應。

第一個決定的核心概念，幾乎不可能有一百分的結果，必須更追根究柢，搞清楚「賣給誰」「賣什麼」「USP」，有時甚至還得大轉彎，改變方向，重新規畫。

我在自己的商業學校指導學員核心概念時，會這麼說：

「如果能夠認真傾聽顧客的心聲，並改善核心概念三百次，不管做任何生意一定可以成功。」

第一次聽到我這麼說的人，或許會很驚訝：

「一定要改變這麼多次嗎？」

這只是一個基準，一種比喻。我這麼說，只是希望大家要往前邁進，不要輕易認輸。

傾聽顧客的聲音，不斷改善，是絕對必要的。因此，創業如果不是做「自己想做的事情」，就會中途失去熱情，甚至感到厭煩。

我之所以希望大家重視個人軸，就是基於這個道理。

接下來，我要開始詳細說明核心概念的第一個要素——「賣給誰」。

核心概念①——決定「賣給誰」？

核心概念中的「賣給誰」，就是思考會對你的商品和服務掏腰包付錢的顧客候選人。

創業者剛創業時，常會陷入「購買者是誰都可以」的思維當中。有了這種想法，就會堅信「我所提供的商品，男女老少通吃，而且任何狀況都派得上用場」，於是疏於找出主要的目標客群。

其實像這類的商品和服務，在現今的市場上到處都是，無法得到顧客的青睞。

這個比喻或許有點俗氣。假設你遇到喜歡你的異性，你開口問對方：「你喜歡我的什麼地方？」

有人回答：

「只要是男生（或女生），不管是誰我都喜歡。」

有人回答：

「我仔細地了解你重視的東西、你的興趣、你真正的個性之後，才喜歡上你！」

誰說的話，你聽了會高興？

當然是後者。顧客也一樣。顧客在眾多商品中，尋找適合自己的東西。只有看對眼，認為「就是這個！」時，才會購買。

因此，即使你做的只是個人經營的小生意，也要讓顧客相信**「這就是為你準備的商品」**。

如果不是這樣的商品，要讓顧客覺得商品有魅力，會十分困難。實際購買商品，或接受小企業的服務時，我想你也會做同樣的選擇。

將目標顧客的範圍限縮至1人

「原來如此……我也想鎖定我的顧客，可是到底要鎖定多少人呢？」

我現在就來回答有這個疑問的人：

「徹底將目標顧客的範圍縮小至一個人。」

不是只知道顧客的性別、三十幾歲等籠統的資料。以年齡來說，就要知道顧客的真正年齡。假設是三十四歲的話，就徹底以三十四歲的顧客為目標顧客。

那麼，面對一個三十四歲的顧客，你應該了解些什麼？以下就是我列舉的具體項目：

- 這個人做什麼工作？在公司裡擔任什麼職務？
- 出生地是哪裡？住在何處？
- 住透天厝？還是公寓？

・有自己的房子嗎？還是租房子？
・家裡有幾個人？
・平日從早上到晚上的行程如何？假日會做什麼？
・興趣是什麼？
・口頭禪是什麼？
・將來的夢想是什麼？

有人或許會認為這麼做太極端了，但是，既然要想像自己的顧客，就應該做得這麼徹底。

尤其在事業的初創階段，最困難的時期就是「第一位客戶上門之前的階段」。**事業剛起步的階段，大家最常犯的一個錯誤，就是對外發送「來者不拒，誰都可以」的訊息。**這種做法就如同告白時說：

「就算搞錯性別也沒關係，請你和我交往！」

這是非常愚蠢的行為。在事業的初創階段，應該緊緊鎖住「對的」目標顧客。

當然，這和個人的感覺有關，總之就是先設定七個或八個顧客的個人要素（性別、年齡、口頭禪等等）。無論顧客最終是否會對你的商品或服務產生興趣，都請盡量把目標顧客的範圍縮到最小。

然而，說到這裡，我商業學校的學員裡，有人開始擔心了：

「鎖定對的顧客固然好，但是把範圍縮得這麼小，會不會到最後就沒有顧客候選人了？」

「就我的商品和服務來說，如果把顧客的範圍縮得這麼小，真的一個客人都沒有了！」

但是，請大家放心，最神奇的就是，**範圍縮得愈小，對你而言的理想顧客才會出現。**

縱使真的完全沒有顧客上門，你也不會有任何損失。

「或許我鎖定的這個目標顧客群，對這個商品沒有什麼迴響？」

只要再花點時間，重新思考這個問題；抑或是鎖定之後再鬆綁，測試一下鬆綁之後的狀況。後續處理的方式就這麼簡單。首先，還是請全力鎖定顧客。

直到目前為止，照著我的建議去做的學員，其成功機率幾乎是百分之百。

「坂本老師，我本來以為你在騙人，但是我縮小顧客範圍後，真的有生意上門了！」

「客人興沖沖地告訴我：『這真的是專門為我設計的服務！』」

原本不少人都十分擔心：「把顧客範圍縮得這麼小，真的不會有問題嗎？」結果，一縮小要銷售的對象範圍，對自己的商品和服務有興趣的顧客就出現了。

當然，顧客上門之後，如果不能接著告訴他們，你「賣什麼」、你的「ＵＳＰ」是什麼，你的生意還是會失去吸引力。不過，現階段就是大膽鎖定理想顧客，並告訴他們：

「我就是想把我的商品送到您的身邊！」

看完以上說明，我想大家應該都明白，核心概念中的「賣給誰」，最重要的就是鎖定顧客。

另外，我還要告訴大家尋找目標客群的方向。

你想幫助誰？

思考目標客群時，最根本的做法就是朝著「你想透過與你有關的事情幫助誰？」這個方向去思考。

每位顧客都會有自己的問題。有人或許想擺脫煩惱走出痛苦，有人或許想追求更大的快樂。不管是什麼樣的問題，一定都是想要「和現在有所不同」。若非如此，就不必冒著「幸好沒買」的失敗風險，專程從你這兒（對顧客而言，你是賣方）購買新的商品和服務。

因此，你一定要養成習慣不斷去思考：透過你的商品和服務，究竟可以「幫助誰」？

如果不了解這一點，要談核心概念中的另外兩個要素「賣什麼」和「USP」，將會非常不切實際，請好好思考這個問題，並給自己一個明確的答案。

「我到底想要幫助誰？」

其實，這個問題追根究柢到最後，大多數人的結論，應該都是**「過去的自己」**。

會出現這個結論不足為奇。因為以個人軸來思考生意的話，一定會把重心放在自己的過去經歷、體驗、人生，從中尋找自己真正喜歡，並且願意付出時間去做的事情。

那個「真正想做的事情」，對你而言，自然就是理所當然的事情。但在學會「真正想做的事情」的知識和技術之前，一定還有各式各樣的過程。

你會有好多的想法：

「如果是現在的自己，一定可以比之前做得更順利！」

「如果可以見到那時的自己，我會給那時候的自己這些建議！」

「我會想幫助那時的自己！」

遺憾的是，你無法幫助過去的你。但是，現在的你卻可以伸手去幫助和你有著相同興趣卻做不好而煩惱的人，或是希望自己能夠做得更好、更順利的人。

不好意思，這是我個人的私事。我現在能夠從事商業教育方面的事業，就是因為過去的我曾經有過從小本生意開始做起，卻屢做屢敗，然後在失敗中找到解決方法的經驗。

因此，當我對自己的事業有相當程度的了解之後，便非常渴望能夠幫助與過去的我一樣迷惘、不知道自己到底該從何處著手的人。

只要能突破讓自己迷惘的點，你就能蛻變成可靠的大人，進而「讓父母親安心」或者「有能力幫助心愛的家人」。總而言之，現在的你，至少能夠比「過去那個靠不住的你」，更能勾勒顧客的樣態，並成為顧客強而有力的嚮導！

因此，請你務必要弄清楚你心目中的理想顧客。先確定到底要「賣給誰」，才能夠強化核心概念。

案例3 以重機為核心概念的今泉先生

四十來歲的今泉先生，是我商業學校的一名學員。他非常迷重機，所以決定做重機的生意，並以此確立事業的核心概念。

一開始，今泉先生想到了不會騎重機時的自己，所以鎖定的客群是有重機駕照，卻「不知道如何享受旅遊的二十幾歲年輕人」。

但是，開幕之後卻門可羅雀。宣傳品質沒問題，產品本身也具有獨特性。換言之，「賣什麼」和「USP」都OK。

根據他所蒐集的情報來判斷，日本市場的確有重機的需求，然而他只勉勉強強賣出一、二輛。我幫他做了顧客分析之後，他才恍然大悟，原來這個生意的目標客群，並非他原先鎖定的二十幾歲年輕人，而是五十好幾才考上重機駕照，卻不知道要用重機做什麼的中年人。

有重機需求的人，完全出乎今泉先生的意料之外，他萬萬沒想到需要年齡大他一、二輪的前輩給予know-how。

因此，他重新檢視了商品設計，並把行銷的重點放在：

「五十幾歲才取得重機駕照的人，該如何帥氣地騎重機旅遊？」

策略一變，終於押對了寶。

現在，今泉先生靠著為五十幾歲的顧客設計各種重機旅遊計畫，讓生意蒸蒸日上。

換句話說，讓核心概念朝向自己意想不到的方向變更，可以解決生意停滯不前的問題。

不過，「如果你不想理會這樣的顧客」，當然另當別論。還是那句老話：

只要不遠離「想做」的決心，積極反覆檢視自己的商業模式，並用最適合顧客購買的型態提供商品或服務，你的生意一定能夠步上軌道。

案例4 以手作包為核心概念的宮崎女士

接著我再介紹另一個成功鎖定目標客群，也就是成功鎖定要「賣給誰」的案例。

宮崎女士也是我商業學校中的一位學員。她真正想做的事情是賣手作包。手作包是一種有感情、有溫度的商品。但即使她高聲吶喊「我在賣手作包！」卻無人回頭多看一眼。於是，她決定把客群範圍縮小，只鎖定比較獨特的顧客為目標客群（小眾市場）。

她把「面臨孩子要參加幼稚園和小學入學考試的媽媽們」，鎖定為會買她的手作包的客人。看到這裡，大家可能不知道需求到底在何處。宮崎女士的手作包最活耀的時刻，其實就是在媽媽們要陪著小孩接受親子面試的時候。

聽說親子面試時，校方老師們會從各種角度檢視學童的家人。他們不但會問很多問題，還會觀察媽媽們拿的包包。

面試時所拿的包包，並不是名牌包最好。有家的味道、有感情的包包，比名牌包更能打動面試官的心，並讓面試官優先錄取在這種家庭長大的孩子。因此，手作包就成了動搖面試官心情的一種商品。

「自己根本不會做包包，卻想靠手作包營造家庭氣氛，很奇怪吧？」

或許有人會這麼想。

但是，會購買手作包的顧客，通常只在乎心愛的孩子能否考進想要讀的學校。至於其他一些瑣碎事情，她們其實不太在意。考試結束後，那些媽媽們就成了宮崎女士手作包的忠實客人。不少人甚至還會定期購買宮崎女士所做的其他包包或零錢包。

換言之，宮崎女士選擇的理想顧客，就是擁有溫馨家庭的媽媽們。

當然，宮崎女士也用盡了一切方法，找機會接觸這些媽媽顧客。

看到這裡，我建議大家在思考「賣給誰」的同時，不妨也思考一下如何鎖定可以「長久交往」的顧客。

什麼樣的事情會令顧客煩惱？

什麼樣的事情會讓顧客覺得幸福？
顧客的每一天到底是怎麼過的？

只要用心深入了解顧客，應該就可以找到與理想顧客連上線的契機。宮崎女士的案例真的讓我非常有感觸。

核心概念②——決定「賣什麼」？

接下來，我要開始說明核心概念的第二個要素——「賣什麼」。

核心概念的三個要素「賣給誰」「賣什麼」「USP」，它們之間的關係是互相纏繞的，並非一個要素確定了之後，再決定下一個。但是，要同時思考三個要素並不容易，所以我希望大家先一個一個思考，再來來回回做修正，讓這三個要素逐漸成形並固定下來。

所謂「賣什麼」，是指提供給顧客的商品和服務。但並不是決定了商品和服務之後，就什麼都不用思考了。

從九五頁手作包的案例就知道，決定要「賣包包」，其實只決定了一半的「賣什麼」。

顧客是為商品的什麼魅力而掏錢？

接下來要談的是商業概念，所以請大家先好好思考一個問題：

「顧客是為了商品的什麼魅力而掏錢？」

聽到你要做生意，和你親近的人（或和你沒有直接利害關係的人），應該會對你說：

「這個生意不錯喔！」

「我支持你！」

而對你很陌生的人，應該只會靜觀其變，不貿然給意見。

但是，如果提到他們是否會購買，甚至持續購買你的商品或服務，情況可就不一樣了。

和你比較親近的人，或許會買個一、二次。但大多數的人應該都不會買非必要的商品好幾次。換言之，為了要讓很多人購買這個商品，最重要的就是思考「顧客是為商品的什麼魅力而掏錢？」

要深入思考「賣什麼」，必須問自己：

「這個商品能夠為顧客解決什麼樣的煩惱？」

顧客願意付錢，只有兩個原因，一是「解決問題」，二是「創造未來」。簡單來說，「解決問題」就是能讓顧客減輕煩惱或痛苦的產品；而「創造未來」就是能讓顧客比現在更快樂，滿足顧客的好奇心，讓顧客生活得比現在更舒適的產品。

小本生意要從「解決問題」開始思考

如果是從小生意起步的話，我建議從「解決問題」開始思考。

理由有二。

第一個理由是，解決問題的急迫性高於創造未來。如果能夠讓顧客認為這個商品可以為自己解決問題，掏腰包付錢的機率就大了。

人在本能上，都會傾向優先排除自己現在的痛苦。因此，如果看到有這種功能的產品，大多數的人就會說服自己：為這個產品花點錢沒關係。

假設你的手指頭被刺扎到了，你應該會先購買「拔刺鑷子」，而不是先買「香霧噴劑」吧？因此，你應該要思考的是，**自己的商品可否緊急為顧客解決各種「刺」。**

第二個理由則是，「創造未來」型的商品或服務，一般來說都需要極高的費用。

當然，讓顧客覺得舒適的各種服務當中，有些的確靠你一個人就可以辦到，或者並不需要投資什麼大型設備。只要你真正想做的事情可以為顧客提供未來，我不會阻止你這麼做。

但是，根據我自己的經驗法則，如果想讓顧客的身心靈都得到滿足，很多時候必須先有齊全的設備、受過足夠教育訓練的工作人員、能夠立即反應顧客所需的機制等等。要滿足這些條件，創業時就得有一大筆資金。

然而，縱使賣的是同樣的商品或服務，只要改變訴求的方向，給人的看法就會不一樣。譬如經營按摩店，與其訴求「可以放輕鬆」，不如告訴顧客「可以舒緩您身體長年來的疼痛」。只要這一句話，按摩店給人的印象就會馬上改觀。

你希望什麼樣的顧客在碰到緊急狀況時，會使用你的商品和服務？

大多數的顧客都是保守的。基本上，顧客都會認為：

「現在我有的東西已經足夠了。」

即使市場上出現之前沒有的劃時代商品，大多數的人還是會抱持著觀望的態度：

「先看看再說吧！」

不過，在這樣的顧客當中，還是有顧客會這麼想：

「我就是需要這樣的商品和服務！」

「就是它了！我希望能夠馬上擁有它！」

所以，你還是必須設法接近這樣的顧客，並把你的商品和服務送到他們身邊。

我的意思並不是要你去「煽動顧客，強迫購買」，而是要你把用心呵護的商品，送到有需要的顧客手上。首先，必須站在顧客的立場來思考。最了解你的商品特性的人，不是別人，就是你自己。

因此，你應該知道要凸顯你的商品的「什麼」，來討好顧客。所謂的理想顧客，到底是什麼樣的顧客？知道這個答案的，就是身為創業家的你。

重新檢視「真正想做的事情」

在這裡，請再次檢視你「真正想做的事情」。

核心概念中的「賣什麼」，如果想得簡單一點，其實答案就是你這個創業家真正想做的事情。只是，「只做想做的事情，錢就會隨後而來」的想法，我認為對個人創業家而言十分危險，對顧客而言也非常失禮。**只思考個人軸，完全沒有想到市場軸，是一種把顧客當空氣的思維。**

如果只是做興趣，不會有什麼大問題；但如果你做的是收顧客的錢，再提供價值的生意，我認為這就是一種沒有責任感的想法。

好不容易有機會做生意，一定要設法討顧客歡心。想創業的人最好都能夠用這種思維去經營事業。**當顧客真的滿心歡喜時，你會覺得非常充實。而這份充實感，並不是靠興趣就可以擁有的。**

你「真正想做的事情」目前或許只有一個，也或許有好幾個。

如果是好幾個，你可能會想為它們標上甲乙丙丁的符號。這時最好能夠這麼思考：

「在這幾個想做的事情當中，好像能為人解決問題的是哪一個？」

「在這幾個選項當中，似乎可以讓顧客掏錢的是哪一個？」

任何想法都有可能變成一門生意，只是難易度各有不同。你能夠把比較容易想像的事情變成一門生意，真的很了不起。但我要再重申一次，不管你怎麼選擇，請不要偏離「真正想做的事」這個主軸。

從自己想做的商品或服務延伸

我想再給一個提示，讓你思考核心概念中的「賣什麼」。

你把自己真正想做的事情，放在事業的正中央位置，這個生意就絕對不會拐彎走到別的方向。除了這一點之外，我還想告訴大家另外一點，「就算不提供你想做的事情也沒關係」。

假設你喜歡唱歌，並不表示「你非得當歌手不可」。當然，如果你「就是想當歌手」的話，我也不會阻止你。但是，堅持「真正想做的事情是唱歌，就只有歌手一途」，把當歌手作為一門生意來思考，你的視野會變得非常狹窄。

不論是哪一種類別的生意，它的周邊一定還會有無數的生意。

以唱歌來說，你除了可以把唱歌當成一門生意之外，還可以教唱歌、譜曲、提供音樂廳、協辦音樂會、製作歌手的ＭＶ、把歌手介紹到演藝經紀公司，甚至是收購演藝經紀公司……這些全都可以變成一門生意。

不要嫌我嘮叨。但是，你真的不需要讓自己想做的事情轉彎，也不需要將自己的夢想向下修正。

只是，當你把想做的事情變成一門生意時，認定「只有這個方法可行」，不但視野會變得狹窄，甚至還會強迫自己往不可行的方向前進，讓你的生意做起來格外辛苦。因此我建議大家，**以「真正想做的事情」為中心向外展開，想想周邊還有什麼樣的生意可做，然後再提出核心概念。**

把想做的事情變成一門生意時，一般人不是變身為服務的提供者，就是商品的製作者。

但事實上，並不只有這兩種選擇。賣自己的know-how也是一種方法，跨到物流業當批發商也是另外一種選擇。

此外，提供集客的場所（部落格等），除了會有廣告收入之外，還有機會和其他企業家異業合作，甚至可以承攬某些公司外包的業務工作。

你也可以銷售建構事業系統的許可證（license）、銷售特許經營權

（franchising）、經營買賣事業等。

找到了自己想做的事情，找到了自己可以勝任而且覺得愉快的事情之後，你能夠更進一步提供價值，讓自己和顧客都感到高興嗎？這個階段，如果你可以靈活思考，就能確定核心概念中的「賣什麼」。

案例5 以輔助講師為核心概念的篠原小姐

篠原小姐也是我商業學校的一名學員。她對我的研討會可謂情有獨鍾，所以決定自己創業。她說：

「做和坂本老師一樣的教育相關工作，就是我真正想做的事情。」

於是，篠原小姐就把核心概念定調為教育事業。

只是，有了老師的身分之後，她又對我說：

「既然要從事教育事業，我就必須像坂本老師一樣，能夠在人前教大家什麼。」

雖然她如願成了研討會講師，但我就是覺得哪裡不對勁。

有一段時間，她似乎認為「教育事業＝研討會」「研討會＝當講師」是理所當然的，但是卻愈做愈沒有精神。

事實上，她曾經在研討會人手不足時去支援過研討會，而且每次的表現都非常亮眼。

「妳怎麼會做得這麼快？」

「妳連這一點都想得到，真的太了不起了！」

聽到別人誇獎，她笑說：

「會做這些事情是應該的。」

這些事對她而言，做起來就像是呼吸一樣自然的事情，但看在別人的眼裡，卻如同奇蹟一般。

後來我發現，她在後臺準備資料輔助其他講師時，比她自己上臺當講師還快樂。這個事實並不是指「她無法勝任講師一職」，而是「做輔助工作，才是她真正想做的事」。

察覺這個事實之後，她開始擴充輔助事業。譬如，協助有集客煩惱的相機業者攬客，甚至還開發了十萬名的潛在顧客。

「沒有篠原小姐，我們真的不行！」

於是，在許多企業的指名之下，她展開各種支援活動。不久之後，她不但買了自己的房子，還當起了包租婆。順便提一下，我的公司

「也把輔助性的業務交給她，讓她大展身手。託她的福，我的事業才能夠穩定成長。我說這些話一點都不言過其實。你的事業也一樣，一定要擴大視野，靈活思考。」

核心概念③——決定「USP」

前面說明的「賣給誰」與「賣什麼」，就字面上的意思大家都非常熟悉，所以要在這兩方面下工夫應該不困難。

但是，這個「USP」，大概很多人都沒聽過；就算聽過，我想會深入思考的人應該寥寥無幾。

USP是Unique Selling/Proposition的縮寫，直譯就是「獨特賣點、銷售主張」。我個人的解釋則是**「你最執著的事或物」**，或是「顧客會向你購買商品或服務的理由」。

為什麼顧客會在你這裡購買？

或許是因為便宜、因為比較近、因為方便。也或許是衝著你的個人魅力才買的。

不管理由為何，你最執著的是哪一點？怎麼做才能讓顧客知道你的商品的獨特性？這是思考USP最基本的常識。

「我知道USP的意思，我也覺得USP非常重要，但是我並不認為我所做的事情有什麼獨特的。」

有人或許會這麼想。

其實不要想得這麼難，只要認真做好你想做的事情，USP就會出現。

假設你要開拉麵店，你所提供的拉麵，不管是哪一種，都有它的獨道之處。因為十家拉麵店，就會出現十種不同口味的拉麵。

・你想用醬油、鹽、味噌及其他調味料，做出什麼口味的拉麵？
・麵要用粗的？細的？還是寬的？
・湯頭要清淡？還是濃郁？
・要用什麼碗盛裝拉麵？店裡的裝潢要營造什麼樣的氣氛？

即使你認為自己提供的拉麵很普通，這裡面一定有你個人的經驗與判斷。決定你真正想做的事情時，當然會融入你個人的盤算、情感、執著。

只是，如果不能向客人說明你的生意的ＵＳＰ，就無法讓客人感受到你的事業的價值。因此，你要做的不是煩惱「你的事業是否有ＵＳＰ」，而是思考「如何找出生意的ＵＳＰ，並進行宣傳」。

另外，也許有人會這麼想：

「我想確實是有ＵＳＰ，但一定還有很多比我更厲害的人。」

你也無須這麼謙卑。這個世界本來就是天外有天，人上有人。

這個比喻或許有點怪怪的。

假設有人問你：

「說到維他命Ｃ，你會想到什麼？」

大多數的人第一個想到的應該是檸檬吧！

但眾所皆知，在諸多蔬菜和水果當中，最富含維他命Ｃ的並不是檸檬。草莓、奇異果所含的維他命Ｃ，就比檸檬多很多。因為在許多人的認知裡，「提到維他命C就會想到檸檬」，檸檬因此有了價值。

我所說的USP，並不是指不能客觀衡量價值的東西就沒有意義。價值中，有客觀、具體的「實質價值」，與主觀、抽象的「情感價值」（emotional value）[4]。

情感價值，是一種不實際接觸就很難明白的價值，這是它的缺點。但是，**想做好生意，提高情感價值卻是極為有效的方法**。我想在未來的世界裡，應該會有愈來愈多的人選擇情感價值。

情感價值最容易了解的例子，就好比音樂會、現場演唱會。

冷靜想一想，音樂之所以有價值，在於它在專業設備齊全的錄音室，經過無數次的重錄，才能記錄下來的數位聲源，是一種高品質的產品。然而，如果喜歡的藝人要開演唱會，我們還是會花比音樂CD貴上數倍的錢去聽歌。

沒有人會說：

「與其在野外聽歌，不如在家聽數位聲源更清晰。」

看演唱會，可以直接欣賞藝人唱歌時的風采；可以玩味只有在現場才能體驗的感覺；可以和藝人融為一體。演唱會就是因為有這些情感價值，我們才會經常跑去聽演唱會。

這種情感價值不是只有大型演唱會才接觸得到。和客戶交流、慷慨給予支援，也會產生情感價值。商品的稀有性、製造的時間和金錢，也會變成一種情感價值。你對某個商品情有獨鍾，這份情感就會產生令人敬佩的情感價值。

這樣思考的話，USP的範圍就會非常廣。我相信大家都能了解。

這個USP，和核心概念的另外兩個要素「賣給誰」「賣什麼」一樣，單項思考沒什麼意義，最好一邊思考其他兩個要素，一邊小心確認USP。

4 **情感價值（emotional value）**：指該消費選擇引起的感覺或情感，商品和服務常常和情感的回應有關，產品或品牌具有觸發消費者某些情感或改變其情緒狀態的能力，通稱為具有情感性的價值（《航運季刊》第二十四卷，第一期）。

USP就是超強的能力、品質、實績

接下來，我要告訴大家具體思考USP時，可以派上用場的一些提示。

基本上，只要能夠讓顧客知道你的執著、你的商品或服務的特殊之處，並感受到它們的價值，用什麼方法都行。話雖如此，USP也有它自己的公式、常規，一開始可以先把USP當成思考的起跑點，充分運用。

最淺顯易懂的USP，其實是指「超強的能力、品質、實績」，例如：

- 顧客在知情的狀況下，認定能夠委託工作的人只有你。
- 和其他公司比起來，你的商品或服務，品質和水準都高出許多。
- 在業界，沒有人的功績能夠超越你。

如果你有以上的本事，就不需要耍任何小伎倆。只要讓顧客知道你超強的能力、品質、功績，就算你開的價碼比較高，顧客還是會把工作託付給你（特別是對顧客而言非常緊急的工作）。

如果在漫畫的世界，就是像怪醫黑傑克，或頂尖狙擊手《骷髏13》的迪克東鄉一樣的人物。現在大家應該更清楚了吧！

「只能委託你！」

只要有客戶這句話，你就能以此為武器，展開你的事業。

不過，一開始就擁有超強USP的人，真的非常罕見。就算激勵一個想要壯大自己事業的人「一定要創造超強的功績！」仍有一定的難度。我本人就不是一個一開始即擁有超強USP的人。

透過組合創造「只能夠委託你」的事實

我建議你可以用如下的方法，就是「組合型的USP」。

組合型的USP，就是把一個一個分別看起來沒有特色的元素組合在一起，便可創造「無人做這種供應」的獨特性。

以我的例子來說，教人如何做生意、如何建構自己事業的學校，並不只有我這一間。有的學校甚至會教你如何運用具體的數字來制訂業務戰略；也有不少講師會以「做你想做的事」為主題，舉辦各種座談會。

但是，以「真正想做的事情＝志向」為主軸，教學員統計管理（count management），或是以顧客心聲為基礎，具體建構自己事業的商業學校，據我所知，目前只有我所開辦的「坂本立志塾」。

當然，懂得發揮組合型ＵＳＰ的人，並不只有我。有位兒島先生就把自己在演講比賽中得到亞軍的實際成果，與讀過心理學才知道自己想做什麼的經驗組合在一起，開發了獨門的「克服怯場法」。也有人透過氣功來教人際關係。這些都是一些很新奇的組合方式。

不過，這樣的組合型ＵＳＰ，並不是什麼項目都可以拿來組合，必須與核心概念的另外兩個要素「賣給誰」和「賣什麼」有連貫性。

如果你的組合型ＵＳＰ可以得到顧客的認同，你就能成為那個組合中的大師。

之後，只要在大師的領域中努力累積成果，就能在不知不覺中建立「超強的能力、品質、功績」的地位。

我想，你一定可以找到專屬於你的絕妙組合。

人人都有「最好的USP」

讀到這裡，或許有人會說：

「我沒有超強的實力，現階段也想不出什麼特別的組合……」

請放心！任何人都有最好的USP。

這個USP就是你活到現在的成長軌跡。

不管是什麼樣的人，一定有自己的人生故事。**這個世界上，沒有一個人的人生是完全庸庸碌碌的。**所以你的人生裡，一定有「有趣」的地方，一定有讓很多人都感興趣的經驗。就算你的人生真的乏善可陳，**「超平凡的人創業」本身，就是一個很獨特的故事。**

最容易理解的就是，你決定提供的商品、服務，以及你和顧客之間的邂逅，裡面一定有珍貴的故事。

就算這些故事是從一些微不足道的地方開始，肯定會有產生共鳴的人，想接受你這個人所提供的商品或服務的顧客，一定會出現。

有人認為談「賺錢」會令人掃興，實則不然。當你決定要走上有風險的創業之路時所選的商品，都有著你個人的濃烈情感，所以就光明正大地說出來吧！

剛開始，你或許一心慌就脫口而出：

「我只能選擇做這個！」

「其實這些商品並沒有那麼多故事……」

即使如此，也沒關係。

因為在你告訴顧客和周遭人的同時，你已經在充實你的故事，並朝著有血有肉的USP邁進了。

談核心概念三者缺一不可，尤其是USP。如果你猶豫是否要對外分享，你的生意不會成長，也不會進化。因此我建議，只要事業一有雛形，就一點一點對外釋出訊息。

以上，就是決定ＵＳＰ的一些提示。其他企業所標榜的ＵＳＰ，你也可以拿來參考。總而言之，就是要機敏地蒐集資訊，定位自己的ＵＳＰ。

案例6 以不會畫畫的設計師繪畫課程為USP的松原先生

我又要再次透過我商業學校的學員，介紹USP的具體例子。

松原先生現在和太太一起經營線上繪畫教室。我第一次聽到他的USP時，著實嚇了一大跳。

他的繪畫教室網頁最上方，寫著：

「我是設計師，但是我不會畫圖！」

沒錯，松原先生的本業是設計師，他所經營的線上繪畫教室，是以不擅畫圖的設計師為目標客群。

剛開始，我不認為會有這種人，所以向他討教。經過他的說明，我才知道現在的設計師大都是用電腦從事設計工作，所以基本上很多人都無法靠自己的雙手設計或繪圖。

但是，承攬工作做簡介時，有時還是得在現場畫圖，或是說明時必須在紙上畫畫。

「我想從頭開始學，但是沒時間去上課……」

他發現了這種需求。

「不會畫圖，卻能當設計師？不可能吧！」

一開始，我也是這麼想。但是仔細一想，現在的作家也都是用電腦寫稿，所以很多人都不會寫漢字。還有不少人用慣了數位相機，不碰傳統的底片相機。用手繪圖對設計師而言，就成了另一種技能。

松原先生原本是系統工程師，在經營線上繪畫教室之前，曾經和別人合資成立公司，但是生意做不起來。他的妻子則是一直在教人如何把畫畫好。

於是，他把自己在網路上做生意的知識，與妻子教畫畫的技巧融合在一起，在網路上開辦了套裝的繪畫課程。剛開始，他也不知道該以什麼為核心概念，所以來來回回摸索了好一陣子。但是現在，他以「雖是設計師，但不會畫圖」的人為目標客群，開辦現學現賣的線上繪圖教室，因而大受歡迎。

這個例子，也讓我上了一堂課：

「USP真的是創業關鍵，找出USP就可以獲利。」

我相信看完本書的各位讀者，一定也有只有你才想得出來的USP。不要急，沉住氣，好好思考！

核心概念必須不斷琢磨

思考核心概念的方法介紹完畢了，大家覺得如何？核心概念就是把「想做」的熱情，具體落實在事業上的中心思想。

由「賣給誰」「賣什麼」「USP」三根大柱架構的核心概念，不論是從小本生意起步的事業還是大型的企業，全都需要它。

如果是大企業，首先要確立可以作為整個企業主軸的核心概念，**從企業的核心概念向外延伸，確立每一種商品的核心概念。**不管是哪一種核心概念，只要用前述的三個要素思考，慢慢琢磨，你的生意、事業，一定會有模有樣。

「想做」的熱情，真的非常重要。從這種心情開始起跑，不論任何時候都不會動搖，能夠帶給自己、顧客，以及你周遭的人幸福。

不過，沒有任何戰略，只是憑著一個念頭做自己想做的事情，是無法吸引顧客的。

你一定要提出由「賣給誰」「賣什麼」「USP」組合而成的核心概念，讓你的熱情具有吸引顧客的力量。

最重要的核心概念——「傾聽顧客的聲音」

核心概念不是只提出一次就完結，而是可以更改的，所以一定要積極重新檢視，提出更詳細、更符合前述提示，而且能讓自己和顧客都更喜悅的核心概念。這是我給大家的建議。

那麼，核心概念到底該怎麼琢磨呢？

非常簡單，就是用心「傾聽顧客的聲音」。

顧客都是正直的，他們會針對你的商品和服務，教你很多東西。有的人會直接告訴你他個人的需求，有的人會提出自己的意見，有的人會用客訴的方式提醒你，有的人甚至會用營業額、回客數等數字給你當頭棒喝。

知道什麼樣的顧客會購買你的商品或服務，就可以進一步琢磨核心概念，這可是開發新商品的一大暗示。

我在第一章也寫過，如果能夠認真傾聽顧客的聲音並改善三百次，不管做任何生意一定可以成功。三百次聽起來遙不可及，但這當中也包括了許多細微的改善，所以如果是你真正想做的事情，每天改善一點，不知不覺就超過三百次了。

傾聽顧客的聲音，然後改善。

反覆改善，可以鞏固你的事業。**你所累積的改善次數，對其他同業人士而言，就是進入這個市場的一大障礙。**

任何企業的核心概念，都不是從一開始就是完美的。完美的核心概念一定要和顧客一起切磋琢磨。

即使你有「這樣的核心概念可以嗎？」的疑慮，也沒關係，先把這個核心概念定下來。

然後，努力提供符合這個核心概念的商品或服務，並向顧客宣傳，設法讓他們跟你購買。

但是，如果顧客不接納這個核心概念，該怎麼辦？

很簡單，只要改變就好了。

只要你「想做」的決心不動搖，換個心情，繼續摸索適合這個市場的經營型態，你心目中的理想顧客，總有一天一定會出現在你面前。

Chapter 3

第3章

ゼロからでもできる起業資金の集め方

從0開始籌募創業資金

創業所需要的資金

前面兩個章節介紹了尋找生意點子和提出核心概念的方法，這些作業主要是在動腦思考和歸納整理。但是，從現在開始，我們就要進入實際的創業階段了。

雖然這得視你想做的事業而定，但一般來說，創業都需要資金。最近確實有人運用網路創業，幾乎完全不需要資金。不過，能夠先知道資金計畫，對於企業主來說，要打一場存亡之戰都是有益無害，讓我們一起繼續往下看吧！

首先，要整理所需資金的第一步，就是「掌握事業資金」。

雖說這是理所當然的事情，但是來我的商業學校上課的學員當中，**很多**

人只是一心想創業，卻對數字毫無概念。

事業資金大致可分為二大類：一是，為創業準備的開業資金；二是，讓事業能夠維持下去的周轉資金。

開業資金

開業資金包括以下項目：

・租借店鋪、辦公室時會產生的費用，譬如房租、押金、禮金、仲介費、保證金等
・停車場等租金
・整修、裝潢辦公室內外的費用
・安裝電話的工程費用
・設備（桌椅、電腦、冷氣、圖章等）費用

・名片、宣傳單、網頁等宣傳製作費用
・第一次採購商品的貨款

如果開的是網路商店，還必須準備以下經費：

・購買電腦的費用
・購買列印機等周邊配備的費用
・整頓網路環境的費用
・與網路商城簽約的費用
・租賃伺服器的費用
・購買網域（申請網址、註冊網域）的費用
・架設網站、製作網頁等費用

另外，如果要登記成為公司法人（成立公司），還需要一筆登記手續費。

當然，事業資金的內容和金額會因你想做的行業類別而有所不同，無法完全一概而論。但是，要開始做自己的生意，勢必得詳細調查各種相關經費，並列舉出來，這是做生意的必經過程。

不過，列舉時，並不需要仔細到以「一日圓」為單位來計算。用概算的方式，以「〇萬日圓」（約新臺幣〇千元）來計算就可以了。另外，畢竟還有許多我們想不到的費用，所以在這個階段多估一些會比較安全。

周轉資金

其次是周轉資金：

・薪水、生活費

・社會保險費[5]

5 **社會保險費**：健康保險、厚生年金保險，類似臺灣的勞健保。

・交通費
・房租、停車場管理費
・水費、瓦斯費
・網路費
・伺服器租賃費用
・設備的耗材費用
・各種租賃費用
・宣傳費、廣告費
・還款金額
・公共稅費
・採購商品的貨款

周轉資金和開業資金一樣，會視行業不同而有所不同。這裡所列舉的項目，有的行業可能需要，有的行業可能不需要。

「怎麼這麼麻煩！」

讀到這裡，我想有的人可能會有這種感覺。不過，在列舉當中，你會愈來愈習慣去掌握這些數字。這只是為了讓自己的夢想能夠更具體化的小小試煉，你一定能夠打起精神堅持下去。

重要的不是要計畫得多正確、多仔細，而是讓自己轉換心境，做好要當「企業家」一展身手的心理準備。

因此，第一步就是要找到自己的定位，習慣「讓事業落實於數字中」，也就是，**養成用數字來分析事業並尋找對策的習慣**。

尤其是，如果你需要家人或金融機構來協助你籌募事業資金，卻不能掌握這個事業所需的資金，一切就免談了。

「我想做這個事業，希望你們借錢給我，不過到底需要多少錢，我自己也沒有把握……」

如果你這麼說，你的信用將蕩然無存。因此在盡可能的範圍內，**就算覺得再棘手、再痛苦，也要訓練自己面對錢，面對數字。**

關於創業資金，你要更靈活思考

掌握創業所需的資金數字之後，接下來要為準備這些錢而展開具體行動了。但是，到底該準備多少錢才比較穩妥呢？

這當然只是一個基準，我認為，**如果能夠先準備二倍的開業資金會比較安心。**也就是說，如果你預估開業要二千萬日圓的話，就先準備四千萬日圓；如果是四千萬日圓的話，就先準備八千萬日圓。

一旦嘗試創業，就會出現許多事前沒想到的花費，而且剛開業的前幾個月，營業額幾乎起不來。

如果被資金逼得喘不過氣，就無法冷靜判斷。好不容易靠著「真正想做的事情」創了業，卻被現狀搞得頭昏腦脹，於是漸漸失去自己的主軸。

「但我就是沒有這麼多錢啊！」

「如果真的夠闊綽，事情就簡單了！」

我想有人或許會這麼想。我個人也不是在周詳的計畫下開始我的創業人生，所以我也不敢說什麼大話。

正因如此，大家不妨逆向思考，動動腦想一想：

「即使只能籌到一半的資金，難道就不能開業嗎？」

「難道沒有用一半的資金就可以開業的方法嗎？」

現在，各式各樣的服務都很發達，確實可以大幅壓縮創業初期的經費。如果懂得運用網路和各種租賃服務，甚至可以將經費壓縮到超乎自己的預料之外。

以辦公室來說，一開始可以設在自己家裡。如果沒有錢租店面，就利用自己的家或在網路上開店。如果你可以提供自己的技術，也可以考慮做個巡迴銷售員。

採購商品也一樣，一開始可以先做銷售代理，意即以銷售代理商的身分，**把商品賣掉之後再採購，並收取手續費。**

在日本要成立股份公司（法人），必須繳交高額的法定費用，所以可視狀況，不必一開始就申請設立公司。而且就算成立了公司，也必須等到營業額至某程度才能控制營運成本（running cost）。另外，一旦成立公司，就必須加入厚生年金[6]等社會保險，產生一些不同於個人創業的費用。然而，和以前比起來，現在「非法人不能交易」的風潮，畢竟已經逐漸鬆動了。

只要不偏離你想做的事情，如何使事業具體成形，我認為都可以彈性思考。

與其一開始就做足百分之百的準備卻進行得不順利，**還不如一開始從小本生意做起，再逐漸備齊所需資金，並將生意慢慢做大，這樣做事業才比較有樂趣。**

因此，你不妨動動腦尋找可用低成本起步的方法。

籌募資金的方法

了解大概需要多少事業資金之後，就要進入實際準備資金的階段了。籌募資金的方法大致有兩種。

一種是靠自己個人的力量存到自有資金（equity fund）。

另一種是透過向他人借等方式籌募資金，意即借入資金（borrowed funds），也稱為債務資金。

基本上，自己的資金如果不到一定的程度，做起生意來一定沒有安全感。況且，假設大部分的資金都來自於他人之手，無論多麼想繼續做自己想做的事情，還是得多方顧慮出資者的意願。這些情況都是無庸置疑的。

6 **厚生年金**：類似臺灣的勞健保。

因此建議想創業的人，首先要擠出自有資金，不足的部分再向別人請求支援。

自有資金

閱讀本書的讀者當中，或許有人已經靠平日的儲蓄籌到事業資金，或許有人正準備開始好好存錢。

不管狀況如何，首先，我要給大家一個建議：為了掌握自己的金錢流向，請試著記帳。

現在，自己的月收入是多少？月支出是多少？試著在月初就做好預算，並掌握實際的支出狀況。只要這麼做，就可以重新檢視自己的金錢流向。

「每個月有多少錢可以存起來？」

「有沒有錢是無端浪費掉的？」

或許有人會覺得麻煩，但既然要做生意，就一定要學會統計管理。當然，交給專業的會計師打點也是一個方法，但如果你什麼都不會，你的事業也會跟著雜亂無章，漫無計畫。至少要養成會看數字的習慣。

如果你能夠透過記帳，掌握每個月可存下多少資金，我希望接下來你可以繼續挑戰製作個人的資產負債表（balance sheet）。

聽到資產負債表，有人或許會緊張到全身僵硬。但是請放心，這個資產負債表非常簡單——只要知道你現在的資產有多少、負債有多少就可以了。具體的做法，當然是寫出你的資產和負債。

以下是資產：

- 存款
- 儲備金[7]

7　**儲備金**：意指公積金（provident fund）。

・保險
・有價證券
・不動產
・車子、黃金等可換成錢的東西

以下是負債：

・貸款
・借款、滯納金

如果資產大於負債，表示你的信用額度（credit line）高；反之，如果負債大於資產，就是超額債務（excess debt）。掌握得宜，便能看清楚自己可承擔多少風險。請盡可能試著製作自己的資產負債表。

如果會記帳又會做資產負債表，自有資金的清單便一目瞭然。有人或許已經有本錢可以創業了，有人或許還得再努力存個幾年。

不過，只靠自有資金並不是創業的唯一方法，接下來我們再來看看別的方法。

向他人尋求資金的方法——借入資金

你的想法（點子、創意）是有價值的。如果能夠找到認同這個價值的人，或許就可以將實現這個想法的時間大幅往前移。如果你的想法能夠撼動別人，籌募資金的方法就會多一個選項。

也就是，可以向自己以外的人尋求支援，透過他人的力量來準備資金。看過前面提的「自有資金」之後，有人或許會覺得「光靠自己的錢，不知何時才能創業」而感到束手無策。其實，創業所需要的資金，並非一定全靠自己準備。

如果要向他人尋求資金支持，首先必須弄清楚兩件事：一是，創業需要多少資金？二是，能夠拿出多少自有資金？

家庭環境優渥的人，爸媽或許會全額贊助。縱使如此，對事業資金和自有資金先有充分的理解，是你這個未來的企業家該負的責任，也是應有的禮貌。

總而言之，**盡可能向能夠幫你將自己的想法具體實現的人展現誠意**，就是讓你自己和你周遭的人幸福的第一步。

好的債務 vs. 壞的債務

做了這麼多的準備之後，終於要展開實際的行動了。但是，債務有好的債務和壞的債務之分，我想先針對這一點做說明。

所謂「好的債務」，就是預估將來會有金錢報酬和社會報酬（social return），可視為一種投資的債務。

所謂「壞的債務」，就是當場消費之後，不會產生任何效益的債務。

投資這件事，可以有各式各樣的解釋，有一種是為自己的成長所做的投資。不管是什麼樣的體驗，只要能夠成為「將來的養分」，都可視為是一種「投資」。

不過，**希望別人拿錢出來時，千萬別忘了一定要有「金錢報酬」與「社會報酬」的觀點。**

「將來等到事業上軌道之後，一定會有〇〇〇萬的報酬。」

「每個月我會付〇〇%的利息。」

這是金錢上的回報。

「我們會提供〇〇的福利！」

「可以對社會有〇〇的貢獻！」

這是社會性的報酬。如果沒有這種報酬，人是不會把錢拿出來的。

縱使有人願意出資，你也應該有禮貌地善盡責任，在提出資金援助時，一併將以上訊息告訴出資者。

你的想法是有價值的。但是，當你想把這個價值投入商業社會時，就要為你的顧客、你的資金援助者，準備好社會性的報酬。這是基本常識，也是常見手法。

「這不是理所當然的嗎！」

我想很多人會這麼想。但是一旦自己創業，在需要資金的狀況下，就是會忘了這個基本概念，所以我才要在這裡特別寫出來。

那麼，能夠實際為你的事業拿出錢來的，到底是什麼樣的地方呢？現在我們來看幾個具體例子。

向家人借

或許你可以向你的父母、親戚、丈夫、妻子借。比起其他出資者，這些人都是與你關係極為親密的人，所以向他們開口闡述自己的想法和事業計畫時，會比強調社會性的報酬來得重要。

話雖如此，在向家人宣示「今後要做個企業家」的同時，最好還是準備好這個事業的社會意義和社會報酬，而且語氣一定要誠懇認真。

向政府體系的金融機構、地方自治體（地方政府）、民間金融機構借

找有提供創業資金的機構借貸也是一種方法。機構不同，借貸條件當然也會不一樣。但最重要的還是你的事業的社會性和收益性，尤其是針對民間的金融機構。基本上，民間的金融機構只願意為已實際營運的企業提供資金，所以申請的門檻會比較高。

另外，政府和地方政府也會準備各種補助金，你可以在你的戶籍所在地查一查是否有可申請的補助金，這也是非常值得參考的做法。

透過群衆募資籌募資金

最近，還有連個人都可以輕鬆向很多人籌募資金的方法。

最具代表性的就是「群眾募資」（crowdfunding）[8]：根據一定的機制，向廣大群眾呼籲提供資金，實現自己想做的事情。

你是否要透過公布的方法，告知出資者要提供什麼樣的報酬，再返還給出資者，可自由設定。當然，你可以答應出資者要給了資金上的報酬，譬如利息、分股；你也可以用商品或服務作為報酬，讓出資者以幾折購買商品或服務的方式投入資金；你也可以訴說這個事業的社會意義，請求出資者贊助。**如果你能夠打動出資者的心，就有可能籌募到資金。**

利用網路進行群眾募資的歷史尚淺，今後到底會如何發展，就讓我們拭目以待吧！

不過，我認為這個方法除了可以讓個人籌募到資金之外，**對於剛創業的企業主，還可以找到「自己的第一個客戶」。**

尤其你的事業提供的是適合個人使用的商品（或服務），而且你答應給出資者的回饋就是自己的商品，這些出資者便是實質上「購買你商品的人」，一定要心存感恩。

8 **群眾募資**（crowdfunding）：又稱群眾集資、公眾集資、群募、公眾籌款或眾籌。是指個人或小企業透過網際網路，向群眾募集資金的方式。

比起只是單純購買你的商品的人，這些出資者還多了一份為你這個人與你這項事業加油打氣的心。

群眾募資目前已被視為一種新的體驗，而且還具有新的價值，不妨積極運用，應該很有趣。

以上就是除了自有資金之外，還可以籌募到創業資金的方法。但不論是哪一個方法，**成敗與否都與你個人的人際關係，以及當時你所提出的策略息息相關。**在此建議你，先盡可能多蒐集一些自己周遭的資訊，再從成功機率最高的地方進攻。

沒有資金也可以創業

前面談的都是創業所需要的資金，大家覺得如何？

「我發現我不但沒有資產，甚至沒有任何儲蓄。」

有些人的狀況或許是如此。

但是，我絕對不會對這樣的人說：

「你不可能創業了！」

「放棄創業吧！」

我不但不會這麼說，還會斬釘截鐵地說：

「只要你真的有創業的想法，就算沒有資金，一樣可以創業！」

我本身創業，也沒有充裕的資金。我沒錢沒門路，就單純靠著「要在東京創業」的想法，遠走他鄉。

創業不順利時，我曾這麼想過：

「就算所有的錢都沒了，我還可以當長途貨運卡車司機，掙了錢之後再挑戰！」

我對長途貨運卡車司機沒有任何的不敬，只是當時我能想到的掙錢職業就是這個。

我辭去地方銀行的工作，隻身到東京時，唯一有的就是「一定要設法創業」的滿腔熱情。雖然現在我是創業導師了，但在這之前，真的跌跌撞撞不知多少次。

因此，我想把我自我反省過的地方全都告訴你：

「你應該要更有計畫。」

「如果想做的事情夠明確，就不會失敗了。」

「關於資金，你的想法太天真了。」

前面，我已經將關於資金的對策全都寫出來了。如果能夠回到創業的當初，我一定會這麼酸自己。

不過，如果你可以把這些酸言酸語一腳踢開，完成創業的話，我會豎起大拇指稱讚你「有骨氣」，絕不會責備你。

我真正重視的，是你「真的想做」的想法。

我本人、我的「坂本立志塾」學員，都是如此。只要有「真正想做」的想法，縱使資金不足，都會想辦法具體實現，或拚命存錢。

如果你認為「因為沒有錢，所以無法創業」，我這麼說或許會太嚴厲，但我還是想這麼反問：

「你只是想拿沒有錢當藉口吧？」

資金，的確有它現實、殘酷的一面。但是，**既然想做生意，除了資金之外，還得面對其他各式各樣的課題。**

這個課題或許是客訴。這個課題或許是客戶、事業夥伴各執己見。這個課題或許是工作太操勞，健康亮起紅燈。這個課題或許是得不到家人、員工的支持。

「做自己想做的事情，金錢就會隨之而來！」

只有超級幸運兒才能有此際遇。一般人想讓自己和顧客都擁有更美好的未來，勢必得經過一番堅忍不拔的努力。

其中，能成為心靈最大支柱的，我認為還是「想做」「想實現」的強烈念頭。

「我不相信我能夠一直待在現在這家公司直到退休！」

就算剛開始想創業的念頭並不是這麼正向也沒關係。

我希望你能以個人軸為中心，提出事業的核心概念，才能找到廢寢忘食也想做的事情，而且，**只要一想到將來能夠擁有這樣的世界就會興奮不已，並讓這樣的企圖心確實扎根。**

否則，你可能會隨便因為什麼理由，就怪某人、怪社會、怪景氣。如此一來，就有可能讓好不容易才起步的事業停頓下來。

籌募資金確實有它不容易的一面，但這些都不能成為你終止創業的理由。

你是靠自己想做的事情創業。不足的資金，你可以打工存錢；可以靠賣掉無用的東西來籌措；可以當伸手牌，向他人要所需配備；可以摸索用零資金做生意的創業型態……絕對有很多方法可以解決。

我可以提供你所需要的資訊，我可以教你不懂的事情，我也可以給你一些生意點子，但是，唯有你個人的熱情，是任何東西都無法取代的。

人的一生當中，「沒有〇〇！」「△△不足！」是常有的。不論你是上班族、家庭主婦，還是創業家，都一樣。但是，只要下定決心「我還是要做！」就會馬上行動。**有行動，協助者自然會出現。**現實會變，不可能的事也可能會有轉機。

靠share house[9]當二房東創業的水野先生

水野先生也是我商業學校中的一名學員。他說：

「我想當二房東，分租房間給其他創業家！」

要當二房東的人，通常都不會馬上在網路上昭告天下，而且必須準備好物件才能做這門生意。但在強烈信念的支撐下，水野先生一直尋找著適合的物件。

「無論如何我都想當二房東！」

「我就是想跟和我一樣是創業菜鳥的人一起生活！」

水野先生的條件如下：「租下來後可再轉租、可租給兩位以上的房客、建物本身可改裝、地點不能太鄉下。」這種物件的門檻真的相當高。然而在水野先生鍥而不捨的尋找下，終於有人為他介紹了符合這些條件的物件。

但是，還有一個問題。

水野先生租到了這棟房子，但這棟房子不是專門為分租所建的透天厝。對生活型態與一般人不太相同的創業家來說，這棟房子住起來並不方便。水野先生早就預料到會有這種狀況，所以選了建物本身可以改裝的物件，但卻沒有充裕的資金來委託專業的業者進行改裝。

於是，不要說改裝，連木工都沒有碰過的水野先生，便挽起袖子開始動手進行改裝。

他的執著感動了承租房間的創業家們。即使住起來不太方便，大家還是很有默契，心照不宣。

現在，他完成了當二房東的階段性任務，又去挑戰別的事業了。

「我真的想做這個！」

我認為只要有像他一樣的熱忱和執行力，做任何事業都管用。

9 share house：除了自己的房間外，其他地方都為公共區域的住宅型態。住的人可以充分利用公共區域享受生活的樂趣並交流，是最新的住宅生活方式。類似我們承租一整層或一整棟，再當二房東分租出去。

案例8

靠看護工作創業的海老根女士

我想再介紹我商業學校另一位學員的案例。

她是海老根女士。因為有看護父親的經驗，她開始從事看護的工作。在看護現場，她看見身障者努力展露笑臉的模樣，非常感動，而照顧身障者的人、接受看護的年長者也都保持笑容過日子。她希望自己能夠打造這樣的空間，便興起了創業的念頭。

她的第一個事業，就是計畫打造「適合身障者居住的團體家屋（group home）」，讓身障者安心生活。不過，這個案例和前面的案例一樣，都與物件有關，所以她預估需要一筆龐大的資金，並為此費盡心思，努力準備。

橫亙在她面前的障礙真的非常艱困。適合當團體家屋的房子是租得到，但是她一說明是「給身障者居住」，沒有房東肯點頭。

後來，她放棄租房子，開始尋找可以購買的房子。皇天不負苦心人，她終於找到似乎可以購買的物件。然而向銀行申請融資時，卻未能通過銀行的融資審查。

「看來我要打造團體家屋是不可能了……」

就在她決定要認命的時候，奇蹟發生了。

與她洽談購屋事宜的不動產公司，給了她一個震驚的建議。

這個建議是，由不動產公司出面買下海老根女士想購買的房子，再租給海老根女士。原來，就在她認為銀行不可能答應融資時，不動產公司被海老根女士周詳的事業計畫書與熱情打動了。

這個案例再次告訴我們，創業家最重要的就是熱忱、熱情。

海老根女士開始經營團體家屋之後，又設立了一間治療師培訓學校，讓治療師在看護現場充滿溫暖與微笑；此外，還成立了一個提供健康和幸福的沙龍「i hand」，讓身障者在地方上也有方便活動的場所。

乍看之下，海老根女士創業似乎十分順利。但事實上，她從開始考慮創業，到能夠獨當一面，有五年的時間都一直處在「銷聲匿跡」的狀態之中。儘管如此，她還是能夠實現夢想，所憑藉的絕對是那股「真的想做」的強烈信念。

Chapter 4

第4章

起業してから困らないリスクコントロールの方法

創業後輕鬆管控風險

創業後要面對的風險

想創業的人會「腳踏兩條船」的其中一個原因，就是擔心：

「創業後，日子不知是否過得下去？」

「我有想做的事情。我不可能一直待在這家公司。但是創業之後，真的可以有穩定的營業收入嗎？」

這種心情只會讓人對著創業踩煞車，而不是踩油門加速。

的確如此。創業之後，要持續擁有穩定的營業收入，必須經過相當的努力。不過，如果淨是胡思亂想，自己嚇自己，不管時間過了多久，只是按兵不動。

只要弄清楚自己害怕的是什麼，只要知道該注意的是什麼，我想你心中的煞車就會慢慢鬆掉，開始行動。接下來，我們一起思考風險的廬山真面目和相關的應對方法。

基本上，剛創業時，幾乎都是個人事業，大小事情一人包辦，所以我就以個人企業主[10]的風險做說明。

個人企業主的風險有很多，例如，健康出了狀況無法工作、得不到家人的諒解等等。但不管怎麼說，總歸一句就是「明明努力了，但銷售狀況就是沒有起色」。

做事業會有各式各樣的成本。雖然採購可以配合銷售狀況做壓縮，但每月還是有固定費用。企業主本人也不可能吃空氣過日子，需要生活費用。**有支出，但無法和收入取得平衡，可說就是個人企業主的最大風險。**

其實，無論規模多人的企業都有收支不平衡的風險，要將這種風險降為零，真的非常困難。

10 **個人企業主**：意指自營業者（Self-employment），自己當老闆。

但如果能夠先想好收支失衡時的對策，一旦有個萬一，便能知道該如何因應，而鎮定從容。

在接下來的篇章，我們來看看該做什麼樣的準備、該採取什麼樣的具體行動。

知道自己的風險容忍度

首先要充分了解的是，你的風險容忍度（risk tolerance）。對大家來說或許有點難懂，簡單來講就是：

「你可以接受生活水平最多降到什麼程度？」

這個問題和你之前的生活型態、你的家人都有關聯，所以並沒有所謂的正確答案。

我在前面也提到，我剛創業時曾經想過：

「如果此番創業不順，我可以去當長途貨運的卡車司機，住在提供膳宿的公寓房子，並設法東山再起。」

所以我個人的風險容忍度應該是相當高的。

然而如果你是家裡主要的經濟來源，勢必得支撐起最低限度的生活。而且顧客的眼睛都是雪亮的，你也不想讓他們看到你因自己的事業而生活困頓的模樣。

因此，我認為要先盤算好，**一旦有個萬一，可以將支出縮減到什麼程度？**這是非常重要的。

具體的做法，就是看第三章提到的「記帳」（參照一四二頁），一旦有狀況，可以壓縮的支出、可以刪減的費用，便一目瞭然。

這時，最重要的就是，**不能想著要如何延長現在的生活。**如果以現在的生活為基準，考慮「這個也需要，那個也需要」，風險容忍度就會變得很低。

不但不能這麼想，**甚至還要「歸零思考」**：「為了要實現自己想做的事情，在成功之前，什麼樣的生活是我可以熬得下去的？」

之前，我不斷強調「要創業，必須以自己真正想做的事情為主軸」。其實，**風險容忍度也必須以個人軸為主軸。**

要為自己不喜歡、不是自己真正想做的事情降低生活品質，是非常痛苦的，甚至還可能因而懊悔，認為「如果沒有創業該有多好！」

無論什麼樣的事業，在上軌道之前，都必須花時間和心血，因此某段時期勢必得忍耐。

這時，心裡想著「但這就是我真正想做的事情！」「只要生活安定下來，我的人生就會幸福！」的人，與心裡想著「為什麼我一定要為這種事情強行忍耐？」「就算賺到錢，我就能夠抬頭挺胸了嗎？」的人，兩者的奮鬥精神截然不同，成功機率當然也迥然不同。

請你以真正想做的事情為基準，讓現在的生活先歸零，然後邊記帳，邊思考自己的風險容忍度吧！

打「對的」工來累積實力

雖然創業了，但光靠自己所做的事業還掙不到生活費，是常有的事情。你的事業要得到大家的認同，是需要時間的，所以一定會有時間滯延的狀況發生。

離開了之前的職場，剛把自己真正想做的事情事業化的那段時間，收支會不平衡，是很自然的。那這段時間該怎麼辦呢？

如果有儲蓄，挪用這些存款是一個方法。雖然有點狼狽，但在事業上軌道前就當作是一種投資，努力在最短時間內讓事業穩定下來。

但如果你沒有儲蓄，就必須另闢其他收入來源。這時又該怎麼做呢？

我建議，你可以去打工。

打工機會百百種，你可以視工時、工資、工作內容來選擇。你也可以選擇在家做的工作，一邊做正業一邊打工，而且不必擔心會被附近鄰居看到（但一般來說，這類工作的工資較低）。

「好不容易可以朝著自己的夢想前進，竟然還要打工……」

千萬不要這麼想！

「這個經驗，一定會是將來築夢的養分！」

請用這種心態去面對打工。

我最不建議的就是去做有金錢風險的副業。在網路上大肆宣傳，哄得人暈頭轉向的惡質副業、投資案件，絕對不要碰！千萬不要把你的辛苦錢投入其中。

我協助過一萬多名的創業者，**沒有一位是被「保證絕對賺錢」的宣傳洗腦，靠著可以輕鬆兼職做的副業賺到錢的。**

無論是做投資、進出口貿易，還是從事掮客、網路直銷，都有人會卯足全力去創造利潤，我沒有任何異議。

我想說的是，明明就不是你想做的，你卻一派輕鬆去做的副業。

「做這個好像挺賺錢的！」

「在正業順利之前，靠這個先撈一筆吧！」

用這種心態去做副業，百分之百會失敗！

雖然任何行業都會有一些瘋狂的人物，但是，**世上絕對沒有不費吹灰之力就可以賺大錢的行業。**

「賺錢就是這麼簡單！」

業者會在你耳邊這麼輕聲低語，是因為他想賺你的錢，所以真正賺到錢的不是你！

如果你把這份「心思」放在正業上，無論如何我都會為你加油打氣。但如果你因為「或許可以輕鬆賺到錢」的天真念頭，辜負了大家的期待，不如就利用這段時間好好打工，還比較有意義。

如果你能夠選擇類似你想做的事情的工作來打工，不僅可以在金錢上助你度過難關，還可以順便做市場調查，甚至累積個人經驗。透過打工所得到的經驗，也可以幫助你提升正業的商品和服務。

面對打工，屏除「因為錢不夠才不得不打工！」的消極心態，用**「打工是一種社會學習，不但可以擴大視野，還可以一邊賺錢，一邊學習將來如何帶員工」**的積極心態，一定能和正業產生相輔相成的效果。總之，請把打工納入籌備期中的一個選項。

業務能力是最強大的避險利器

我們把話題從打工拉回你的正業吧！

事業最強大的避險利器，就是你本人的業務能力。如果你所提供的商品和服務，真的是你嘔心瀝血的傑作，應該不會完全沒有價值。

然而如果銷售狀況不佳，不是因為商品的詢問度少得可憐，就是你的業務能力不夠。

第三章，我提到企業家一定要會統計管理，而業務能力就和統計管理一樣重要。

不管你把記帳做得再好再正確，商品卻一個都賣不出去，便無法發揮你身為個人企業主的能力，因此，統計管理與業務能力都是非常重要的技巧。如果創業的一開始能夠意識到要培養業務能力，便能成為你最強大的避險利器。

「話是這麼說沒錯，可是我之前從來沒有跑過業務。」

「做業務我不擅長……」

對於從來沒有碰過業務的人而言，做業務的確需要勇氣。你會覺得棘手，我完全能夠體會。

但是，我希望你能贊同我的說法：這種可以讓顧客購買你商品的能力，一定可以在後面推著你前進，帶領你進入美好的未來。如果你只是因為「從未做過」就消極「排斥」，真的非常可惜。

縱使你下意識覺得棘手，但你仍舊不知道是自己真的做不來，還是因為不知道業務要做什麼，才覺得棘手、恐怖。

首先，不妨就把做業務當成是「讓自己了解真正想做的事的一種手段」，並告訴自己：

「業務能力可以成為一種避險利器，試試看吧！」

希望你能夠用這種心情挑戰。

什麼都可以，試著賣賣看！

話雖如此，突然對從來沒有做過業務的人說：

「你就去跑業務吧！」

這個人一定一臉茫然，不知該從什麼地方下手。

一開始什麼都可以，試著賣賣看吧！當一個沒有底薪的業務員也沒關係，現階段只要把身邊的東西賣出去，就可以馬上擁有業務經驗。

最能輕鬆入門的就是利用網路販售。運用雅虎拍賣、亞馬遜、Mercari等網站服務，馬上就可以把你身邊的東西賣出去。

另外，申請參加各地的跳蚤市場也是一個方法。現在，各式各樣的場地都經常舉辦大大小小的跳蚤市場，不妨試著到這種市集去開店，或許會得到意想不到的經驗。

「就這樣？只是賣自己用不到的東西？」

千萬別小看這些活動！不論是網路拍賣還是跳蚤市場，要順利把東西賣出去，還是需要know-how的。如果能夠累積這些know-how，對於你要銷售正業的商品或服務一定會有所幫助。現在，利用網路做生意的成功例子比比皆是，除了Mercari的App，Frill、Rakuma等行動市集App，都可多加利用。

不過，有一點我希望大家能夠留意：**在網路上做生意，雖說錢很容易入袋，但是千萬不要因此忘了正業而迷失方向。**當然，在過程中發覺「我真正想做的其實是這個！」我也不會阻止你。在某一段時間，為了累積know-how，先暫停正業，專心做網拍也無妨，但是切記，千萬不要本末倒置。

當然，如果有機會或你的行動力夠強，我會建議你去嘗試當正式的業務人員。基本上，每個行業都缺業務人員，只要你有心想嘗試，一定有很多地方可以讓你在實作當中學習。

如果你是一個堅忍不拔型的人，為了提升業務技巧，可以挑戰賣自己沒有興趣的商品。不過，如果你的臉皮還不夠厚，也不需要跟自己過不去。

我建議你打工時，其實也這麼說過：**如果你能夠在與你真正想做的生意相關的行業中，累積業務經驗，不但可以順便做市場調查，還可以傾聽顧客真實的心聲，甚至可以用同理心給顧客建議。**這可以說是一石二鳥甚至是一石三鳥的好選項。

如果你的業績表現優異，你待的這家公司之後負責經銷你的商品，也不是不可能。總而言之，如果你要挑戰當業務員，可以選擇類似你的正業，也就是選擇貼近你真正想做的事情的行業。

多嘗試不同的銷售方式

嘗試不同的銷售方式，也可以磨練自己的業務技巧。

每個人一定都能找到和自己投緣的人，和A不投緣，和B卻一拍即合，是常有的事情。

我商業學校的學員中，有人在雅虎拍賣做不下去，卻在Mercari如魚得水；有人覺得網拍很無聊，做直銷才有充實感；有人覺得一個一個賣很痛苦，一次向一群人推銷才有趣……什麼類型的人都有。

只嘗試一種銷售方法，就自認不適合當業務員，真是言之過早。

尋找適合你的銷售方式，其實就是在尋找最好的避險利器。在你開始正式經營正業，銷售你最愛的商品和服務時，這些銷售方式一定會給你最實惠的啟發。

邊上班邊創業

據報導，為了方便公司員工兼差或做副業，日本厚生勞動省[11]重新檢視公司制定就業規則時會參考的「就業規則模式」（二〇一七年十一月）。看這個動向，今後上班族要兼營副業或許會容易許多。

這個就姑且不談，總而言之，有起心動念想要創業，可是仍然在公司上班的人還是可以動動腦想想看，是否有方法可以邊上班，邊做自己真正想做的事情。

從避險的角度來看，如果能夠邊上班邊創業，就可以在金錢風險幾乎是零的狀況下，為創業做準備。

「但是我們公司禁止員工做副業……」

也有人的處境是如此。公司能夠讓員工兼營副業當然最好，但就算並非如此，動腦想想是否有其他方法可行，對你也不會有什麼損失。

如果你服務的公司是大企業，或許很困難；如果是中小企業，能夠見招拆招的可能性就會高出許多。公司最擔心的就是你做了別的工作，耽誤了現在的工作。

因此，你可以和公司交涉：

「雖然我也在做其他事情，但是我保證一定會像之前一樣做好公司的工作。如果公司發現任何問題，請隨時告訴我！」

先放軟自身姿態，許多公司似乎都會大方同意。

如果你是公司少不得的人才，公司當然會憂心，因為一旦拒絕你，你就會辭職，屆時公司也會很傷腦筋。不妨先找好說話的上司談一談，也是一個方法。

找公司談時，如果公司的回答是「NO」，你可以試著問理由，然後再

11 **厚生勞動省**：類似臺灣的衛福部。

確認：

「如果自己能夠讓這個理由不存在，是否就可以兼差做副業？」

趁機想清楚是否一定要辭職才能創業，也是一件好事。

如果問題出在「有公司薪水之外的額外收入」，那麼我認為，**剛開始兼營副業的那段期間，不妨先把賺得的利潤大方捐出去。**這種做法或許很極端，但只要能利用這段期間累積經驗，並打好與顧客之間的關係，就算暫時失去一點收益，之後一定會獲得高於捐款的報酬。

或許你可以更進一步，**詢問公司能否「在企業內創業」**。當然，如果對公司並沒有任何好處的話，這個提案便無法成立。雖然這種提案成功的機率很低，執行的困難度也很高，但如果公司真的同意了，你自立門戶之後，金錢上的風險就可以減到最低。不但如此，或許你還可以因此獲得公司這個大出資者，甚至公司還會為你介紹大量的顧客。

當然，要有如此美好的結果，基本上，你現在服務的公司所做的事業，與你真正想做的事情，必須魚幫水、水幫魚，不然就是你和這家公司有非比尋常的關係。總而言之，就算所有事情都未按著節奏進行，只要想到「原來還有這一招！」「或許這是可行的！」那麼不妨先找公司談談，或試探一下公司的意向。

如果你真的想邊上班邊創業，與其偷偷摸摸地做，不如光明正大去找公司談。就長遠的眼光來看，這麼做才是利多。

上班族創業並非壞事，只要你不是在公家機關上班，就有可能從事任何的商業活動。只要帶著誠意，好好把話說清楚，應該能得到公司的諒解。所以首先你應該思考的，就是用什麼形式去談。

徹底削減成本（cost-cutting）

在第三章，我也稍微介紹了一下，特別是剛創業的時候，盡可能多思考一些不耗費經費的商業模式，以後也比較不會後悔。

就算是創業初期的經費也是如此。**如果每月的固定費用很高，即使銷售**

成長，也無法做其他投資，長久下來，你的事業很可能會過時。會隨著營業額成比例變動的變動費用是不得不變的，但如果從一開始便採用高固定費用的商業模式，就算是社會經驗很豐富的人，也最好小心一點。

接下來要為大家介紹什麼是實際「能夠控制經費的商業模式」。

能夠控制經費的商業模式

譬如，如果你想開餐廳，並不是一開始就得擁有一家店面。你可以把車子改成移動餐車，也可以視區域申請臨時攤販。某家店公休時，你也可以取得店家老闆的同意，在店門口設攤販，賣美食。

又譬如，如果你想做的是提供諮詢的顧問行業，一開始不要租辦公室，先接外包的案子，如果有案子上門，就臨時租個空間或找一家咖啡廳充作辦公室。甚至從銷售到交貨都利用網路來進行。

另外，如果你想當零售商，也可以採用代售的型態，和你喜歡的商品店家簽約，為店家把商品送交給顧客，先用這種無庫存的銷售型態來創業。

嚴格說，這不算是一種代售。**這種無庫存的銷售方法，其實也適用於內**

容（contents）行銷，或是當研討會的講師等等。

如果要說明得更具體一點，就是「先找到實際要購買的顧客，再著手製作contents」。

首先，你要告訴潛在顧客：

「這次我想提供這樣的contents！」

「這次我要辦這樣的研討會！」

在這個階段，雖然你已經決定了contents的大致內容，但詳細的內容尚未確定就已經在兜售了。

如果有數名顧客表示感興趣，並且真的購買，你才正式著手製作contents，這樣的形式可謂皆大歡喜（當然，如果延遲交貨或延遲舉辦，還是會出問題）。

如果沒有顧客表示有興趣，就代表這種contents不是顧客需要的。此時，你要重新檢視事業的核心概念，並調整所做的準備。

另外，接單之後才製作的手作商品，也可以迴避同樣的風險——**思考是**

否採取「收錢之後才採購原料並製作」的形式。

花很長的時間製作不知顧客是否會喜歡的商品，最後的結果也完全得不到顧客的青睞，就是白白浪費時間。最嚴重的，當然莫過於精神所承受的傷害。

為了避免陷入如此窘境，多方思考是否有將風險減至最低的方法，不論是對金錢、對時間，還是對精神來說，都是管用的。

案例9 創業初期靠業務能力避險的我

這件事我已經寫過了。我立志創業，在沒有任何門路之下隻身來到東京時，真的是赤手空拳。現在回想起來，只能說是有勇無謀。

不過，當時的我就如同本書所寫的，我不知道「什麼是自己真正想做的事情」，也不知道「什麼是自己事業的核心概念」，我唯一知道的就是「我要獨立，我要創業」，真是傻得可以。

不過，因為我的熱情是真的，所以在沒錢、沒人脈的狀況下，仍然不斷摸索，尋找是否有路可走。

當時，救我的就是在創業前當了六年半銀行員的業務能力。

我在銀行負責的業務是開發有融資需求的客戶，讓他們對銀行所準備的商品產生興趣。就是這樣的業務經驗，讓要做什麼都還不確定的我也能夠有營收。

我自立門戶之後，第一個讓我有一大筆營收的，就是教人用少少的資金就可以購買不動產的商品——「二十代不動產投資法」。這個商品裡有滿滿的know-how和資訊。在當銀行員的時候，我曾經處理過很令人討厭的融資案件，所以知道該怎麼做才能向銀行借到錢。而這個商品就是將所有借貸精髓一網打盡的集大成者。

我對這個商品有信心。但是如果賣不出去，它就什麼都不是。為了賣這個商品，我把在當銀行員時鍛鍊出的銷售技能全都使出來。

具體做法就是，在商品銷售網頁的廣告文案中，加入可以讓顧客產生興趣、增加討論度，最後會動心購買的措辭和說法。當然，這些措辭、說法，一定要讓看文章的人感受到寫文章的人的誠意。

這是我第一次在網頁上寫銷售性的文章，直到現在我還是不知道到底寫得好不好。不過，如果沒有銀行員時代的銷售經驗，我鐵定寫不出讓顧客有感覺的句子。

結果，我寫的推銷文宣和這個商品，全都被顧客接受了。那段時間，正好有一波投資不動產的風潮。就在這股風潮的推波助瀾下，我在兩年半內就創下高達五千多萬日圓的業績。

後來我發現，當不動產的投資顧問並非我真正想做的事業，所以我沒有在賣房子，然而每每想起當初那個支撐著我，讓我可以獨立的商品，心中還是有著無限的懷念。

Chapter 5

第 5 章

「本当にやりたいこと」で充分な収入を手に入れる！

透過真正想做的事情獲得足夠的收入

「幸福創業」要看商業模式的設計

前幾章已經循序說明，如何把真正想做的事情歸納成核心概念、如何準備資金、如何管控風險。這些都就緒之後，當然就是要實現創業夢想了。

在這一章，我會根據前幾章的內容，談一談如何設計具體的商業模式——透過真正想做的事情獲得足夠的收入。

如果你能夠讓自己和親愛的家人都過得寬裕，不管要以什麼作為事業的基石，都沒有關係。

如果你想做足以撼動國家的大事業，或者心心念念想創造巨大的財富，那麼，你要做的事業就必須兼顧現在的時代潮流。但如果不是的話，不管你真正想做的事情是什麼，你都無須擔心。

話雖如此，但我並不建議你胡亂製作商品，然後再找一堆潛在顧客強迫推銷。

沒有策略，商品卻賣得呱呱叫，不是不可能，但這樣會累死自己。做事業，如果不能從容不迫，你的家人與你的顧客都不會幸福。

因此，把真正想做的事情歸納成核心概念之後，最重要的就是設計商品的陣容——提升顧客滿意度，也讓自己變得愈來愈富裕。

只要商業模式設計得當，「就算只是製造腳踏車，也可以永續經營」。只要商業模式設計得好，就能快快進入「可以從容思考，並讓自己和顧客都更滿意」的狀態。

「只要做真正想做的事情，錢就會隨後跟著而來。」

這句話說得一點都不假。但是，要說這句話之前，必須設計出正確的商業模式。

只要能夠設計出正確的商業模式，就算是你有疑慮，認為「這種生意會有顧客需求嗎？」的事業，都可以輕輕鬆鬆應對各種與精神層面、經濟層面有關的問題。我沒有言過其實，真的就是有這樣的人。

反過來說，**無論多麼跟得上時代潮流的事業，如果不會設計商業模式，或是藐視商業模式，勢必永遠會被業績追著跑。**有人甚至會唉聲嘆氣：

「如果沒有創業該有多好！」

正在閱讀本書的你，若想要從容不迫地創業，就繼續看接下來的商業模式設計吧！

「靠想做的事情獲得收入」的價值

在談具體的商業模式設計之前，我想先稍微擴大一下大家的視野，談一談比起事業對你而言影響更大的生活模式，也就是你該如何設計自己的生活模式。

我不知道現在正在看這本書的你年齡多大，但會想立志創業（或已經創業）的人，應該都進入壯年期了吧！

假設一個人可以活八十歲，我想壯年就相當於是四、五十歲。如果從人生的總體來看，壯年人的每一天，可說都是「黃金時間」（golden time）。

如果這樣的「黃金時間」可以讓你透過真正想做的事情，獲得許多人的感謝，並且在經濟上相當寬裕，我認為你就是人生的成功者。

每天都在無趣的「工作」裡打混，在家與公司之間往返，對自己所做的事情沒有絲毫的驕傲感，也不覺得有一丁點的價值。如果是這種狀況，縱使薪水再高，就人生的角度來看，也不能算是成功吧！

另外，有的人雖然可以做自己喜歡的事情，但總是擔心錢，總是不斷懷疑自己所做的事情是否有價值，總是忙得天昏地暗，總是對自己想做的事情緊抓不放……這種人生也不能說是健全的。

我認為，如果能夠「把自己想做的事情當工作做」，又能夠擁有不錯的經濟收入，**可以「不為生活發愁，並以自己所做的事情為傲」，就是充實、值得回顧的「黃金時間」**。大家認為如何？

一個能夠讓大家皆大歡喜，又能夠讓自己在物質與精神上都充實的人，不會在乎自己是不是比別人幸運，只願保有一顆感恩的心。

「說得沒錯，但是要賺錢又要做自己想做的事情，真的很難兼顧。」

有的人或許會覺得好挫折。

但是，只要照著我之前的話去做，你應該很容易就能找到真正想做的事情，而且能從中歸納出你事業的核心概念。

之後，若再架構得當的商業模式，要做一名「擁有黃金時間的成功者」並不難。

如果你一直帶著偏見，自認「與成功無緣」「要成功太難了」，那麼，你連原本會做的事情，都變得不會了。

慢慢來沒關係，只要按照你的生活模式來架構商業模式就可以了。

當然，我也會協助你找到真正想做的事情，我也會傾全力透過之後要說明的內容，教會你如何架構適當的商業模式。不要一個人逞強，好好看看下面的方法，一起努力吧！

架構自己的銷售流程

一聽到要「架構商業模式」，有人或許就會開始畏縮：

「我的興趣就單純只是興趣，不可能變成什麼商業模式啦！」

其實，不必把架構商業模式想得那麼難。

個人企業主通常是一人創業，所以首先要有銷售流程（sales flow）。

所謂銷售流程，就是要針對顧客（包括潛在顧客），架構什麼樣的動線、什麼樣的流程。基本上，用一條至數條動線，就可以將銷售流程架構完畢。

然後透過這個銷售流程，提升顧客的滿意度，增加自己的收益。如果我們把銷售流程當作一個命題（proposition），這個命題其實非常簡單，但是要回答這個命題，也就是針對這個命題做出陳述，就得投入相當大的精力了。

被問到這個問題，覺得要回答「真的有難度」的人，亦大可放心。

如果你用心看了本書前面的內容，事實上已經學會了架構銷售流程的基礎了。

沒錯！銷售流程的動線、流程的基礎，就是核心概念。

確定了「賣給誰」「賣什麼」「ＵＳＰ」之後，接下來只要把所準備的商品，分出強弱、輕重，再配合顧客的需求羅列，銷售流程就暫且算是完成了（當然，就算完成了還是得不斷檢視修正）。

構成「銷售額」的3要素——「集客數」「商品單價」「銷售成交率」

在開始架構具體的銷售流程之前，我們先來確定一下「銷售額」（營業額）是由哪些要素構成。

最有名的公式就是：銷售個數×商品單價×回購率。

但思考銷售流程時，我想下面這個公式會比較好落實：

集客數×商品單價×銷售成交率

集客數，指的是潛在顧客，即能與你或你的商品產生聯繫的人數。這些人當中，有的是能夠直接見到你，與你關係較親密的潛在顧客；有的是只看過你的商品宣傳單，與你關係較疏遠的潛在顧客。不管是哪一種，集客數愈多，銷售額就可能愈高，這一點不用我說，大家都知道。

商品單價，就是字面上的意思。如果商品有很多種，想必每一種商品的單價都會不一樣。把單價訂高了，卻賣不出去，是本末倒置。但不可諱言，單價愈高，賣得愈多，銷售額就會愈亮眼。

銷售成交率，我想就需要稍做說明了。譬如，集客數多，但沒人買，便無法轉換成銷售額。潛在顧客中，到底有百分之幾的人會真正掏錢購買？百分之幾這個數字，就是銷售成交率。

不管是商品的單價，還是開發潛在顧客的手段，都會讓銷售成交率產生變化。銷售成交率是一個可以檢視集客方法、商品種類的數字。但是現階段，我想大家只要了解「這是一個表示實際購買人數的數字」就可以了。

以上三個要素，都會受到核心概念強烈的影響。

核心概念中的「賣給誰」，會嚴重影響「集客數」

你要將商品提供給誰？

如果商品能夠廣被大家接受，集客數的數字就會很漂亮。如果只鎖定主要的核心支持者出擊，將無法計算集客數，所以估算集客數時，還必須靠商品單價和銷售成交率來取得平衡。

核心概念中的「賣什麼」，會嚴重影響「商品單價」

你所提供的商品，若製作成本很高、製作過程非常耗時耗力、競爭對手把行情炒得很高，商品的單價就會變高，是一種基本理論。當然也有方法可以不按這種理論來銷售，但在這些狀況之

銷售額＝
集客數（潛在顧客）×商品單價×銷售成交率

① 核心概念中的「賣給誰」，會嚴重影響「集客數」。

② 核心概念中的「賣什麼」，會嚴重影響「商品單價」。

③ 核心概念中的「USP」，會嚴重影響「銷售成交率」。

下，如果不能全力衝刺銷售成交率，銷售額一定會下降。

核心概念中的「USP」，會嚴重影響「銷售成交率」

銷售成交率會因為各種因素而產生變化。其中，影響力最大的就是商品的USP。

因為，顧客決定要不要購買的關鍵，就是這個商品所擁有的獨特之處。如果USP弱，銷售成交率就會下滑。在這種狀況下，集客數不夠多、商品單價設定得不夠高，便很難達到期盼的銷售額。

集客數、商品單價、銷售成交率，到底應該重視哪一個？雖然無法一概而論，**如果才剛創業，我認為要努力提升「銷售成交率」**。要提升集客數，就得不斷投入廣告等行銷費用。如果想要一次就把商品炒熱，要花費的經費就更多了。另外，要提升商品單價雖然很容易，但如果因此讓顧客縮手卻步，就是本末倒置。想要獲得顧客的感謝與支持，卻無端亂漲價，恐怕只會失去顧客的信任。

因此我認為該思考的是，如何讓對你的商品有興趣的顧客，真的打開錢包，實際購買。首先，你必須好好琢磨USP，徹底了解自家商品的獨特之處，並向顧客說明。

架構一條動線，好讓顧客繼續購買你的商品並永遠支持，就是思考銷售流程的基礎。

構成銷售流程的3要素——前端商品、後端商品、中端商品

接下來，我們實際架構銷售流程吧！

思考銷售流程的方法有好幾個，我想為大家介紹其中一個最基本，也是應用效果最佳的方法。

這個方法就叫作「前端商品」（front end）、「後端商品」（back end）、「中端商品」（middle end）。

前端商品

在稍前的地方，我建議大家最好先設法提升銷售成交率。但如果站在顧客的立場來思考，對於既陌生又高價的商品其實會抗拒。就心理層面來

說，「先試用一下，確定是好的商品、優質的服務，再來購買！」才是顧客的真心話，也是人之常情。

因此，先準備一些讓顧客試用的低價商品（或免費商品），讓他們有機會接觸你的商品和服務。這個階段的商品和服務，定位為「前端商品」。

譬如，某化妝品公司的免費試用組、免費說明會、一千日圓即可參加的體驗會，以及百貨公司地下樓的試吃、餐廳的優惠券等，可以免費或用極低價格品嚐或試用的商品或服務，便是前端商品。

前端商品的目的，不是「獲利」，而是「集客」——先讓客人產生興趣，再搭上販賣動線列車，就是釋出這類商品的目的。所以這類商品，不是只用單項（single item）來思考損益。

用前端商品進行前端銷售時，不論收支狀況是黑字還是赤字，都定位為開發新顧客的宣傳費用。換言之，釋出這類商品的目的，便是盡可能讓更多潛在顧客知道你的商品，體驗你的服務。

後端商品

無止境地販賣前端商品，卻永遠沒有獲利，事業一定不穩定，這是理所當然的。

因此，「後端商品」就得登場了。相較於前端商品的目的是集客，後端商品的目的就是獲利。

顧客已經透過前端商品，體驗過你的商品和服務，終於可以安心購買了。而身為銷售方的你，此時也能提供更好的商品和服務，透過獲利穩固自己的事業，並繼續做自己真正想做的事情。對雙方而言，這就是最好的發展形式。

因為「不想向顧客收錢」而一直提供前端商品，與因為「不想賣便宜的商品」而只準備後端商品，兩者都不是好現象。

只準備前端商品，並一直消耗前端商品，而讓你的事業支撐不下去，就是嚴重背叛愛用你商品的顧客。然而一意孤行，不讓顧客有機會試用你的商品、認識你的商品，最後你的生意也做不下去。

為了顧客，也為了你自己，最好先認清楚什麼是前端商品，什麼是後端商品，再來充實自己的商品陣容。

中端商品

前端商品與後端商品，絕對不是兩個必須緊挨在一起的步驟。

譬如，你雖然準備了免費的前端商品，但是真正想販賣、希望有獲利的終端商品價格非常昂貴時，就可以在這兩種商品中間，再準備一種價格比較親民，讓顧客容易下手的商品，這就叫作「中端商品」。這是一種在前端商品和後端商品中間，再插入了一個中端商品的銷售流程。

當然，中端商品可以是一種，也可以是多種，如果是多種，就會出現有好幾個分支的銷售流程。但是，基本上不外乎就是三種商品。我想大家應該都清楚了吧！

思考前端商品和後端商品的方法，雖然任何一種行業都通用，但是能夠先想好動線再架構銷售流程的人，卻少之又少。

最有趣的是，熟稔這種思考前端商品與後端商品方法的人，一旦要自行創業，不是低估這種銷售流程，就是根本不設定這種銷售流程。

當你要開始展開自己的事業時，請好好思考，到底會不會設定或者想不想架構有前端商品、中端商品、後端商品的銷售流程。

銷售流程的概要，我想大家應該都明白了，接下來我想再進一步詳細說明。

銷售流程的結構＝從集客到獲利的流程

Step 1 前端商品	目的：集客	讓潛在顧客接觸商品或服務（樣品、免費試用組、低價商品等）。
Step 2 中端商品	目的：集客	只靠前端商品，很難讓潛在顧客了解商品的優點的話，最好先設定可以連結前端商品和後端商品的中間商品。
Step 3 後端商品	目的：獲利	透過前端商品和中端商品，已經了解商品優點的顧客，實際購買之後因而帶來獲利。

銷售流程中最重要的事情

首先關於前端商品，一般人最常有的想法，就是基於「這是低價商品，所以品質可以馬馬虎虎！」「希望給之後買後端商品的人一個驚喜！」等理由，來降低前端商品的品質。

我建議絕對不要這麼做。

前端商品的品質不但不能降，反而應該提供高品質的商品和服務。

這是顧客「決定」是否要接納你和你的商品的關鍵時刻，如果不符期待，他們便會馬上轉頭去別的地方購買。

即便是價格便宜的前端商品，也必須具有高品質和高顧客滿意度。

「這麼做不划算吧？」

「這樣買後端商品的人，不就覺得自己虧大了嗎？」

或許有人會這樣擔心，但是no problem，完全不會有問題。

如果無法靠前端商品勾起顧客的興趣，在顧客的心中，你的商品和服務

就等同不存在。

縱使你大肆宣傳「之後的商品真正棒！」但無法靠前端商品獲得滿足的顧客，是不會去購買你的後端商品的。就算你的後端商品真的很完美，你的聲音也無法喚起顧客的共鳴。

因此，你完全無須擔心「一開始就出強棒，後端商品會沒有看頭」。

顧客是先相信你，再試用前端商品，最後才購買後端商品。只要你勇於面對顧客的信任，他們一定可以感受到你的真誠，你完全無須杞人憂天。

顧客的需求就在「期待變化」當中

看了我的精神喊話，還是無法安心的人，或許是因為你知道「顧客的需求不止一個」。

譬如，搭飛機的旅客的需求，如果只有「快速安全到達目的地」一個，就沒有人會搭頭等艙了。然而，就是有旅客願意花比經濟艙多數倍的錢，去搭頭等艙的機位，這是為什麼？

理由很簡單，因為「經濟艙無法滿足自己的需求」。這個需求，或許是「寬敞舒適的位子」，或許是「特別的料理」，或許是「自己搭得起頭等艙的機位」等等。這種特別的感覺，絕對是重要的因素之一。

事實上，就算搭乘頭等艙，也無法提早到達目的地。但就是因為除了「提早到達」之外，還有其他需要存在，才有人會覺得選擇頭等艙是划算的。

我的意思不是說，飛機的經濟艙是前端商品，頭等艙是後端商品，我相信大家應該都理解我想說什麼。

總而言之，在推出前端商品的階段，你最好能夠盡你所能。之後，如果後端商品能夠再接再厲，提供前端商品所無法滿足的其他需求，顧客就會變成你個人與你的商品或服務的粉絲。

我認為，最好在行銷前端商品的階段就滿足顧客的需求，因為顧客都有一種非常特別的情感價值——他們的需求總在「期待變化」當中。

「使用這個商品，我就會變得更完美！」

「這樣我就可以做到我以前做不到的！」

「接受這種服務，就可以感受到新的刺激！」

能夠引起顧客興奮的期待，前端商品就等於漂亮地完成了階段性任務。

如果只是為了煽動，而端出完全沒有內涵的前端商品，一定會失去顧客的信賴。因此，**最佳的前端商品，就是在提供價值的同時，也提供某種類似「這是我更想要的」的飢餓感。**

之後，你可以進一步運用後端商品，提供更有吸引力的實質價值（real value），也可以提供能夠拉近你與顧客之間距離、建立你與顧客之間關係，或具有某種特別感覺的情感價值。

為了讓在創業中的你能更深入了解銷售流程，我想提供幾個具體例子讓你參考。

製造並販售客製化洗髮精的保科先生

保科先生也是我商業學校裡的一名學員。他在賣洗髮精，而且是製造並販售客製化洗髮精，這是一門進入門檻很高的事業。但是，他不但有穩定的營業額，還持續獲利。

保科先生在各方面都下足了工夫。首先，他把核心概念中的「賣給誰」，定位為「經營美容院的老闆」，再透過訂製（custom-made）的方式，製造只有在美容院才買得到的客製化洗髮精，進而獲得顧客的信賴。他的銷售流程格外重視基礎作業。

他的前端商品是「個別諮詢」。

除了親切、認真回答來自部落格的各種詢問之外，若有顧客表示「希望能夠再進一步諮詢」，他便會應顧客請求，以直接見面等方式，接受「個別諮詢」。當然，這種個別諮詢是免費的。或許有人會想：

「這是前端商品嗎？」

是的，它就是一種非常出色的前端商品！

因為，它讓顧客心甘情願付出最寶貴的「時間」，聽保科先生談自己非常想要的洗髮精，既然已經花費了時間，當然要把洗髮精弄到手。因此，如果能夠透過個別諮詢讓顧客心動，就有機會成交，讓顧客買下後端商品的客製化洗髮精。

現在，除了客製化洗髮精，保科先生還賣化妝品、保養品。也就是說，他不但擴大了商品的陣容，也擴大了客群的陣容。

不只美容院老闆，連寵物店老闆也向他訂購狗狗專用的客製化洗髮精。

聽說甚至有海外訂單。

他的顧客全都是美容業界、寵物業界的專業人士。他只要打造一個可以和顧客一對一細談的環境，就能輕輕鬆鬆架構一個僅一張訂單即有可觀銷售額、高回購率，而且穩定的商業模式。

案例11 在電視購物頻道賣高枝剪的理由

這不是我商業學校學員的案例。

大家有沒有看過購物頻道賣「高枝剪」？這是一種專門修剪高處花木的工具。

高枝剪的確是一種使用起來非常方便的商品。但是，為什麼賣高枝剪的公司要在購物頻道上大肆宣傳呢？

畢竟，和一般廣告媒體比起來，購物頻道的廣告費可謂相當龐大。但是相對於這些廣告費用，高枝剪並不是高價的商品，也不可能賣出多大的數量。

會上購物頻道賣商品的公司，不可能只賣高枝剪吧？不，不是這個原因。這家公司會把高枝剪當作前端商品，是有特別用意的。

需要高枝剪的家庭，是住在什麼樣的房子呢？

是的，如果家裡沒有高大的樹木就不需要高枝剪。換言之，會需要高枝剪的家庭，家裡極有可能有大庭院，而且很有可能是透天厝。會住透天厝，通常不是一個人，而是一家人，還是經濟條件非常優渥的一家人。這種家庭對於生活的需求必定相當多元，而且願意為這種多元花大錢。

更具體地說，這家公司之所以要砸大筆廣告費，賣沒有什麼利潤的高枝剪，其真正的目的並非賣高枝剪，而是要「取得住在透天厝裡的人的顧客資料」。

因此，就算賣高枝剪的營業額付不起廣告費，只要能夠透過賣出去的高枝剪，把其他商品的宣傳冊子送到顧客住的地方，還是划算的。這就是高枝剪會經年累月在購物頻道販售的原因。

對擁有很多商品的購物頻道來說，高枝剪可說是優秀的前端商品。

案例12 開辦商業學校的我

這是我個人的案例。

如本書所寫，我開辦了全方位協助大家創業的商業學校「坂本立志塾」。首先，為了讓人可以聽我的演講，我舉辦了收費研討會。研討會主題不止一種，我想分享更多創業需知，所以研討會的收費會依主題不同而有所差異。

我不以免費而以收費的研討會作為前端商品，主要目的是提供一個場所，讓真心想面對自己事業的人齊聚一堂。

接著，我會請參加研討會的人思考，是否要購買為期半年的「坂本立志塾」課程。我希望有心的人能好好面對自己的事業，我希望透過適當的課題鼓勵每一位創業者，所以凡是參加過研討會的人，我都會為他們提供免費的「個人諮詢」服務。

我的銷售流程就是：

收費研討費↓免費個別諮詢↓收費商業學校課程

免費個別諮詢就是我的中端商品。

或許有人會覺得怪怪的：「收費研討會之後的中端商品竟然是免費的？」這是為了要讓這些人了解，這所商業學校的課程內容絕對能夠滿足他們的需求，而且真心希望他們把握成功的機會，我才用這種形式提出中端商品。

雖說是免費個別諮詢，但只要時間許可，我都會傾囊相授，給予建議。如果有人因此對我的商業學校感興趣，我會很高興；如果不認同，我也很高興。

「透過商業教育，讓人人幸福！」

這就是我真正想做的事情。我希望每位學員打從心底認同，我的商業學校能夠具體實現這個志向。能夠接觸這樣的人，是我的幸福。

為顧客「解決煩惱」沒有終點

關於銷售流程的概要，已經說明完畢了。

思考銷售流程的方法，就是先把集客商品定位於前端商品，把獲利商品定位為後端商品，然後一邊配合顧客需求，一邊讓事業穩定下來。希望你創業時，也能夠用這個方法思考自己的銷售流程。

另外，我還想告訴大家一件事。

個人企業主創業時最重要的是什麼，大家知道嗎？

剛創業的企業主最應重視的，不是獲利，不是像瞬間最大風速的銷售金額，而是「讓顧客成為你的粉絲」。

讓顧客喜歡你的商品和服務非常重要。只要用心傾注全力面對每一位顧客，業績自然會隨後來報到。

當然，架構銷售流程也是必要的，而且應該從提供顧客最佳選項的觀點來思考。如果不這麼做，顧客就會離你而去。

另外，雖然最重要的是我前面說的「讓顧客成為你的粉絲」，但我的意思並不是要你向顧客奉承，對顧客唯命是從。

你真正想做的事情，不能因顧客的不同而搖擺不定。不但不能如此，**你還要設法讓成為你粉絲的顧客，協助你完成真正想做的事情。**如果做不到這點，你做這個事業就沒有意義了。

只要能讓顧客成為你的粉絲，顧客就會「因你而買」。如此一來，有新的商品問世時，他們便會爽快地掏腰包，而不會斟酌再斟酌。

「如果你們能做出這種商品，我會很高興！」

「如果你們能這樣應對，不是會更好嗎？」

有的人甚至會給你有建設性的意見，讓你可以擴大事業的規模。

如果粉絲顧客是一副高高在上的樣子，確實令人無法容忍，但如果你可以耐心傾聽他們的心聲，琢磨事業的核心概念，並提供品質更好的商品和服務，顧客看到你這種態度，一定會成為更忠誠的粉絲。

如果你和顧客都能夠這麼積極，你的事業一定會愈來愈穩固。

強行推銷顧客不需要的商品和服務，不論是顧客還是你，都不會有幸福的感覺。我希望大家記住，為顧客「解決煩惱」是沒有終點的。

你活到現在，曾經有過「不再有任何煩惱，不再想要任何東西，所有問題都解決了」的時候嗎？

或許瞬間曾有過這種感覺。但是，**沒有人可以在「沒有任何煩惱」的狀態持續數天或數個月。**如果有，這個人不是悟道了，就是放棄成長了。

認定你眼前的顧客常有什麼煩惱，其實很合理而且自然。當然，你的商品和服務或許並沒有辦法解決顧客所有的煩惱。

儘管如此，隨著發展你真正想做的事，還是可以解決顧客的煩惱，或是提供顧客更好玩的樂趣。至少，告訴顧客「我準備了這種東西喔！」絕對加分，一點都不會為顧客帶來困擾。

「再次敦促顧客購買什麼，不就是一種困擾嗎？」

你完全不需要這麼想。**繼續給顧客建議，表示你沒有拋棄顧客**，這是一種愛的呼喚。

這不是強迫推銷，你只是在顧客有需求時，悄悄依偎在他們身邊。

在你「想做的事」的範圍內，繼續支持、鼓勵顧客。

這種專一的態度和令人安心的感覺，不但可以緊緊抓住顧客的心，更能讓顧客願意為你加油打氣。

然後，你和顧客就可以在彼此成長的過程當中，享受更豐富的人生。這樣的關係雖然是一種理想，但是我認為，要實現其實並沒那麼困難。

好的獲利模式vs.壞的獲利模式

不想向顧客強迫推銷，又可以繼續做自己真正想做的事情，必須建置「好的獲利模式」。

我想只要了解銷售模式，應該就可以判斷獲利模式的好壞。不過在這裡，我希望大家能夠再從別的角度來思考獲利模式。

思考獲利模式時，如果能夠意識到銷售流程的思維，應該可以用更好的方式為顧客做出貢獻，並讓自己的事業愈做愈穩。

接下來，我要介紹的獲利模式，我想大部分的人都「聽過」，也都「知道」，但是不知為什麼，一旦自己當了老闆，就會將幾個獲利模式拋在腦後，去追逐一個完全不同的獲利模式。千萬不要小看這些被你認為理所當然的東西！請好好思考對你而言最好的獲利模式。

高單價、單發商品的銷售模式

這是一種透過銷售購買頻率低，但價格較高的商品而獲利的模式。

例如，車子、房子、工業用機械設備等耐用消費品，或是一生用不到幾次的婚喪喜慶中的專業服務（葬禮、婚禮，以及相關商品），就屬於這一類的商品。

這類的商品，市場上有需求，但不容易集客，也不需要長時間經營愛用者。你本人甚至也不希望顧客再上門回購。

但是一旦簽約，就得動用一大筆錢。因此，如果你的商品品質可以做到讓顧客感動，留在他們腦海裡的記憶就可能化為口碑，為你免費宣傳。

反之，如果你應對的態度非常草率，就可能遭到惡評，必須十分留意。

要透過高單價、單發[12]商品的銷售模式獲利，最重要的關鍵就是「讓顧

12 單發：一次就結束，只能賣一次。

客的腦子裡有你」。

這類商品價格高，而且所需數量通常只有一個，所以一般人不會頻繁購買，也不會衝動購買。因此非常重要的是，當顧客有這一類的商品需求時馬上說：

「你這麼一說，我想起來了，的確有這麼一家店！」

「就去那裡看看或問問！」

如果平時能讓顧客有機會接觸你的商品和服務，最為理想。

就算不能讓顧客直接到店裡來，也可以透過廣告、商品展示等踏實的銷售活動，讓你的事業烙印在顧客的腦海裡，知道「如果有什麼，可以上門找你」。這類的活動非常重要。

另外，提升商品的實質價值和你的服務品質也非常重要。其中，「說故事」就能發揮極大的效果。

顧客購買了你的商品和服務……

可以得到什麼樣的未來？

可以滿足什麼樣的情感？

可以變成什麼樣的人？

如果你可以透過說故事的方式演出幸福的戲碼，就能打動顧客的心，讓顧客成為你的忠實粉絲，而且非你的商品不買。

低單價、多品項商品的銷售模式

我們需要的不全然是昂貴的東西，在日常生活當中，大都是購買物美價廉的商品。

供應低單價商品的企業主，要提升銷售量只有兩個方法：一是，增加顧客人數；二是，提高每位顧客的購買單價。

雖是這麼說，要增加顧客人數畢竟還是有限。如果自己有店面，或許還有提升的空間，但最實際的做法就是提高每位顧客的購買單價。

販賣低單價商品的商店一定很多，競爭非常激烈。如果只是單純漲價不是辦法，而且顧客對於平常見慣的商品價格也十分敏感。

因此，企業主能夠選擇的主要策略，只能往「增加商品的品項，讓顧客多買幾種商品」，或「提升顧客的購買頻率」這兩個方向思考。當然，如果能夠努力增加商品的附加價值，就無須特別這麼做，不過這個問題暫且不談。

首先，我們看「增加商品的品項，讓顧客多買幾種商品」的獲利模式。會用這種獲利模式的行業，最具代表性的就是日用品行、食品行、服裝公司等等。居酒屋之類的餐廳或許也可以列入其中。

多準備一些日常會使用的商品，慫恿顧客「順便買」「整批買」「衝動買」，就是這些行業最常見的手法。

對顧客而言，如果所需要的東西，只有你這裡才買得到，就更幸運了。

不過，身為企業主的你，若使用這個獲利模式，就必須留意庫存管理和採購金額。

為了滿足顧客的需求，必須進一大堆貨時，若現金不夠充裕，便會讓自己動彈不得，這點必須留意。

另外，如果是競爭對手多的行業，賣的大都是只能感受到實質價值和價格的商品，於是經常自我迷失，不知道「自己真正想做的到底是什麼？」對剛創業的人來說，低單價、多品項商品的銷售模式，或許難度真的比較高，也比較有壓力。

不過，也並非所有低單價、多品項商品的銷售模式，都必須承受這麼大的壓力。

譬如，我前面提過的代銷、代售。如果先有業績（顧客）再進貨，庫存壓力就幾乎是零。研討會的講師、稅理士[13]、行政書士[14]、司法書士[15]等，

13 **稅理士**：類似中國的稅務師。
14 **行政書士**：類似臺灣的地政士。
15 **司法書士**：類似臺灣的代書。

如果是提供自己的智慧作為服務，可以先準備多種課程，並慫恿顧客多買幾堂課，就沒有問題了。

如果你想做的行業，很容易走上低單價、多品項商品的銷售模式，在提供服務之前不妨先研究，怎麼做才能讓顧客和你都能繼續走下去。

低單價、延續型商品的銷售模式

想靠低單價商品穩定提升營業額的另外一個方法，就是讓同一顧客購買無數次同一商品，意即提高顧客的回購率。

讓顧客一直定期購買每天都會使用的消費型商品，就是屬於這種型態的銷售。譬如，定期送的礦泉水、刮鬍刀的刀片、印表機的墨水等。

像這類的商品，「讓顧客持續購買的手法」就是關鍵。如果是賣水，就鎖定有飲水機的顧客。如果是賣刮鬍刀、印表機，即使顧客不買裝置主體替換，也可以讓顧客持續購買刀片和墨水。

還有，電梯、影印機的維修也是如此。設備主體可以不換，但必須要維修。所以這一類的商品，也適用延續型商品的銷售型態。

開發裝置、設備的「主體」，需要極高的成本，對剛創業的人來說是一門進入門檻很高的生意。但如果走的是延續型商品的銷售模式，就不是什麼都得先備好裝備、裝置的主體。

前面我介紹過的保科先生，並沒有特別先準備好客製化洗髮精，卻仍一派輕鬆，不斷接到曾與他簽過一次約的美容院老闆們捎來的訂單（參考二一四頁）。

另外，即使對方不是做生意的業者，你還是有機會繼續銷售商品。

譬如，為愛酒人士精心挑選美味葡萄酒，每個月送幾瓶去參加葡萄酒比賽，就可以有穩定的銷售業績。每天都會服用的健康保健食品，也是一種可以繼續賣、繼續送的商品。自古以來，以**「先用後利」（先吃藥，再付款）**為銷售宗旨的富山製藥業，可說是應用了這種銷售商品的模式。富山藥商走遍全國，挨家挨戶地將藥箱送去，藥箱裡裝著各種療效不同的常備藥，隔幾個月再探訪，已服用的才收錢，過期的則換新藥。還有，採月費會員制的經營模式，所提供的也是這種銷售模式的服務。

這種銷售模式的王者，就是水費、電費、瓦斯費等公共費用，以及手機費。這些商品都不是你刻意「繼續購買」，但它們所產生的費用，就是可以簡簡單單進入你的生活費當中。

雖然比不上這些公共費用，但我認為你所提供的商品和服務，還是能讓顧客覺得**「有這個很方便，沒這個不方便」**。

這種銷售模式，除了可以穩定你的生意之外，也能夠長期維持你和顧客之間的信賴關係，所以不管你做的是什麼樣的生意，都建議你好好研究一下這種銷售模式。

制定適合自己的獲利模式

大家已經看過好幾個獲利模式了。當然，獲利模式並不只有這幾個，還有很多不同組合的獲利模式。

只要顧客滿意並認同，你也可以選擇「高單價、多品項商品的銷售」（到奢華精品店撿便宜貨），或是「高單價、延續型商品的銷售」（醫療課程之類的商品）。

還有，如果今後你打算創業，請你注意一件事：**不要讓自己提供的商品，只在「低單價、單發商品的銷售」狀態當中。**

假如，你想把自己想做的事情變成一門生意，無論如何「都要讓顧客以合理的價格，買到有你自我堅持的商品」，於是你選擇壓低價格，只提供自己真正喜歡的商品。有這種態度的確令人欽佩，但就長遠的角度來思考，這種銷售模式不會為你也不會為顧客帶來幸福。

銷售低價格、單發商品，縱使你的顧客要購買別的商品，也會因為你的商品有限而無法如願。

好不容易成為你粉絲的顧客，便可能選擇離去。如此一來，你必須經常歸零，再重新尋找新的客人，或是只能一直賣給老顧客相同的東西。

剛創業時，商品的品項少是莫可奈何，所以建議你，常把獲利模式放心中，盡快擺脫「低單價、單發商品的銷售」狀態。

另外，有些行業即使用高單價、單發商品的銷售模式，之後仍然可以透過售後服務，變更為低單價、延續型商品的銷售模式。透過介紹其他業者參與等方法，也可以增加額外收入。

如果你的商業模式和你真正想做的事情會矛盾的話並不好，所以請彈性思考，架構最適合自己事業的銷售流程和商業模式。

Chapter 6

第 6 章

起業に必要な知識が積み重なっていく唯一の方法

快速累積創業知識的唯一方法

你的相關知識真的不足嗎？

閱讀至此的人，以下五個含糊籠統的不安，應該都可以消除了吧！

- 找不到生意點子。
- 不確定商業概念。
- 創業資金不足，或籌募不到創業資金。
- 創業之後，能夠持續經營下去嗎？
- 自己的事業，能有足夠的收入嗎？

只看本書或許很難完全排除這些不安。但是我認為你至少可以在本書中，找到如何前進的指南針。

創業會令人不安的五個主題：①生意點子、②商業概念、③創業資金、④事業的持續發展性、⑤事業收入，我已經在前面幾章，針對這幾個主題，為大家做說明了。

剩下的第六個不安，就是：

「自己所具備的知識和技術，足以應付創業嗎？」

要經營事業的確需要各種知識。譬如，能夠支撐事業基石的專業知識和專業技術、統計管理、稅務方面的基礎知識、業務技巧等等。對某些人而言，有些知識還必須從頭開始重新學習。

但是，如果要問這些知識和技術要到達什麼水準才能安心創業呢？並沒有一個明確的答案。

有知識、有技術的人創業，就一定一帆風順？沒這回事。視創業為兒戲，之後卻順利上軌道的人，也極為罕見。

那麼，到底應該準備到什麼程度呢？

針對這個問題，要給一個明確的回答，因人而異，也就是答案會有天壤之別。因此我建議：

「有創業念頭時，首先就用已經有的知識和技術一決勝負。」

所謂「有創業念頭」，是指在目前的人生經驗中，你累積了什麼？

就算你是一名學生，到目前為止，你應該有這十幾年累積下來的知識、技術、體驗，所以就以這些為基礎進行創業就是了。

提到「創業」，有人會覺得這是一件很特別的事情。但事實上，創業的人多如過江之鯽，而且，他們並非個個都是完人。

你家附近那位總是繃著臉的店家老闆、總是找錯錢又算錯錢的人，都是創業家。**所謂創業家，其實只是一種生活方式**，並非只有特別的人才可以選擇這種生活方式。

持弱逐夢

我自己也有很多不擅長的領域，弱點就是弱點。

剛創業時，我被灌輸了一個概念：

「會製作內容、在人前說話有自信、對公司員工和家人都很體貼、熟知市場行銷和財務、有領袖魅力的人，才能夠成為創業家。」

換句話說，要成為創業家，必須具備上述這些條件。

但是，人不可能變成自己之外的其他人。

那麼，至少我可以不斷磨練自己，讓自己發揮本身的強項。至於自己的弱點，就勇敢承認吧！既然自己不行，就拜託別人吧！

「帶著你的脆弱追求成功。」

這是我個人和我的商業學校的基本理念。

我在這本書裡，暢談了多方面的知識。譬如，架構核心概念、籌募與管理資金、市場行銷等等。但我的意思並不是說，沒有完全學會這些知識，就是不及格的創業家。

只要你想創業的念頭夠強，必定會出現貴人來幫助你克服弱點。如果你一心只想賺錢，別人便會認為「這個傢伙心裡只有自己！」而不會對你伸出援手。就算真的有人願意助你一臂之力，一旦你沒錢了，他們也會離你而去。

然而，如果你對自己的弱點和不足不但有自覺，還可以咬牙堅持：

「我就是想實現這個夢想！」

「我還是想把這個商品推廣到社會上！」

那麼，必然會有人被你的熱情所感動。這種人出現之後，你們一定能夠互相接納彼此的弱點，然後攜手成長。

至少我個人是如此。如果遇到這樣的人，我一定不會棄之不顧，一定會想陪他一起走下去。

因此，沒有必要擔心「憑我現在的知識和技術還不足以創業」，就放棄創業或延後創業。你已經擁有很多知識和技術了，就用你現有的知識和技術去創業吧！

創業之後，還是要不斷學習。

坐在書桌前讀書是學習，在實務中體驗也是學習。

在此建議你，**與其思考「何時創業」，不如準備到某種程度之後就馬上創業，之後再從實務中學習。**

實務學習，絕對比任何學習都值得。

這樣蒐集必要的知識

我想大家應該了解我的基本態度了。你現在擁有的知識和技術已經足夠了，只要用心將它們組合起來，就可以創業了。

接下來，我要教大家幾個蒐集和學習必要知識的方法。

關於你事業的根本，也就是和「真正想做的事情」有關的知識和技術，得靠你自己主動去琢磨。

畢竟你對自己的興趣早有一定的敏銳度，應該會以此作為事業的主軸。即使你沒什麼特別的自覺，其實你早就求知若渴，開始吸收許多知識和技術了。

那麼，非自己專業領域的知識和技術，該如何學習才最有效率呢？

淋資訊浴

即使是暫時也好，我建議「淋資訊浴」。具體做法就是，如果想知道有關會計的知識，就先讀十本會計的專業書籍。

一開始讀第一本時，一定非常辛苦，或許只看了幾行就想打瞌睡。一本書明明沒有多厚，可是卻花了幾個星期的時間才看完。但是讀第二本，看的速度一定比第一本快，而且可以理解得更透澈。到了第三本，閱讀速度和理解程度又會更上一層樓。讀完十本時，你至少可以靠所讀的內容，吸收許多資訊。總之，請刻意讀到一個量。

「資訊浴」的意思是指資訊量，然而並非只有書本才是輸入資訊的裝置，不論是透過聲音學習、透過影片學習，或是透過某人的教學學習，都非常重要。

大家想一想電腦，就會更了解我的意思了。電腦裡，除了有純文字的文字檔案，還有許多大容量的圖像檔案、影音檔案。檔案一旦加入聲音，容量就會變大。如果是影片，容量更會增至數倍甚至數十倍。

這些都是超越視覺的五感[16]資訊。在這種資訊大量增加的狀況下，就算我們接收到的都是同樣的訊息，事實上，它的量也大到足以讓我們淋一場「資訊浴」。

從這個觀點來看，**資訊浴最強大的水柱，或許就是「實際去見人，實際去問人」**。汲取資訊最有效的方法，其實就是實際去見一個人，實際去問一個人。

問的時候，你可能沒什麼特別的感覺。但事實上，你真的見到一個人時，自然會用你的五感去輸入資訊。這時所輸入的資訊量，絕對是書本無法相提並論的。

在你的人生道路上，真正管用的知識、學習，以及各種回憶，是不是幾乎都發生在與某人見面的時候呢？

和人見面，實際用五感去感受，是最具有影響力和震撼力的。

如果你身邊有詳知你所需要的知識和技術的人，不要猶豫，馬上和那個人約時間，並登門請教。

如果你身邊沒有這樣的人，就參加和這些知識相關的研討會。研討會會為你提供所需資訊，講師也都是專業人士，應該會用最淺顯易懂的方式教你。不過，研討會的水準畢竟良莠不齊，請慎選研討會和適合你的講師。優質的研討會可以讓你一口氣獲得大量的資訊，並通盤了解。

我的商業學校之所以重視「直接見面」，就是基於這一點。篩選講師時，我也非常重視「傳達熱情」，因為很多事情只有現場見面才能夠傳授。

當然，除了我們學校之外，還有很多優質研討會，請視自己的需求，積極行動。

16 **五感**：指視覺、聽覺、嗅覺、味覺和觸（壓）覺五種感官的感知。即，現在的資訊，除了用眼睛看之外，還要用你的聽覺、嗅覺、味覺、觸覺去體會去學習。

蒐集到的資訊一定要向外分享

如果資訊已經蒐集到某一程度（或尚在蒐集中），建議你把學習中的知識對外輸出，也就是向外分享。

輸出的方法有很多種。你可以說給你的家人或朋友聽，也可以在部落格、社群網站（Social Networking Services, SNS）上投稿。對外分享，會讓你學到更多。

「我才不想告訴別人這種一知半解的知識……」

我也能體會這種尷尬的心情。如果排斥的話，可以申請發文專用的部落格（譬如個人部落格、推特、2ch等），用匿名的方式貼文。

重要的是向外分享。

刻意對外分享的學習，與沒有這種心理準備的學習，兩者吸收知識的能力會有明顯的差異。

在職場上也一樣。只是呆呆地學習，與被告知「你要教後輩喔！」的學習，兩者的學習態度會完全不一樣。

因為「下次我是教別人的人，我是輸出者的角色」，為了不留下任何一丁點不清不楚的地方，在學習的過程中你一定會不恥下問。

蒐集到的資訊，如果不自己先咀嚼一番，是沒有辦法對外輸出的。蒐集是單向輸入，是單向學習；蒐集之後向外分享，是輸入和輸出的雙向學習。雙向學習的成效絕對遠超過單向學習。

這種認知上的差別，會嚴重影響學習的結果。不要害羞，試試看！

證照在精不在多

有些事業要取得某種特定的資格之後才能夠做生意。即使不是這樣，我還是會鼓勵你去考證照，把它當作是學習知識的一種挑戰，因為這麼做會更有幹勁。

不過，如果是因為沒有證照就不敢創業，就是本末倒置了。就算有很多證照，也不能保證順利創業，所以這種焦慮永遠不會消失。

有人會在自己的名片上，列出一長串的證照名稱。收到這種印了一大堆和本業無關的證照名稱的名片，我只覺得好遺憾：

「這個人對自己太沒信心了！」

要考證照的話，我認為只要考「對做生意有必要」或是「可作為今後學習必要知識的契機」的證照，而且最多考三張。

就如同我在前面所說的，沒有一種學習可以勝過在現場的實務學習。比起會讀書卻光說不練的人，願意用不足的知識在現場學習實作技巧的人，他們的人生會更精彩。

不要逃避學習！多花點時間和精神為你真正想要的未來努力。

案例13 以開牛舌店為目標的高中生長井同學

長井同學是我商業學校裡的一名學員。我在寫這本書時，他還是高中生。他的夢想是開一家牛舌專賣店，所以還在讀高中時就開始準備了。他想開牛舌店，不是因為他爸媽經營牛舌店，也不是他家開牧場，純粹就是因為他喜歡吃牛舌。

光聽這個理由，一般人的直覺反應都是：

「就這麼單純的理由？」

「不可能順利的！」

「一定做到一半就厭煩了！」

但是，我認為很不錯。

事實上，他「宣布」想開牛舌店之後，就開始不斷蒐集經營牛舌店的相關know-how。這種狀況，我在前面的章節裡已經介紹過了，如果他什麼都不說，現實狀況就不會有任何改變。

他是不是真的成功開了他想要的牛舌店？此刻我並不知道。不過，能夠說出自己的夢想、改變自己與現實環境，就已經具有非凡的意義。

現在正在看這本書的你，有什麼樣的夢想？又能夠做到什麼程度？我不知道。

「不要總是在作夢！」

「不可能順利的，放棄吧！」

你周遭的人或許會對你這麼說。

但如果你真的有想做的事情，就沒有必要放棄。就算你的事業在中途陣亡了，那也是有別的原因（主因絕對不是想創業）！

人生只有一次，所以心有所動，就要採取行動，絕對值得。

做自己真正想做的事情！

我相信這一定會是你人生中最大的亮點！

挑戰精神就是某種「肌肉」

縱使是你擅長的領域，縱使是你新學習的領域，想要更進一步拓展自己的見識，平常就得有「走出自己領域」的自覺。

創業家的生活方式就是，不管你喜不喜歡，都要對新的事物有敏銳的感覺並勇於挑戰。因為新的經驗可以幫助你重新檢視，並改善現有的事業；和素未謀面的人見面，可以鼓勵經營者讓事業更茁壯。這些都是確鑿無誤的事實。

因此，平時要養成跨出自己領域的習慣。平時完全不挑戰新的事物，只有創業時才想努力，是不可能的。

所謂挑戰的精神，其實就是某種「肌肉」。

突然要一個平日從未受過重訓的人，舉數十公斤重的槓鈴，這個人絕對舉不起來。但如果平日就不斷接受重訓，肌肉在關鍵時刻便可以發揮最大的肌耐力。

挑戰精神也一樣。只要平時一直不斷嘗試各種小的挑戰，必須面對大的挑戰時，便能鼓起勇氣，冷靜行動。

從自己的領域向外跨出一步

要跨出自己的領域最簡單的方法，**就是特意去買平時不會買的東西。**這個東西不一定要特別貴，廉價的商品也可以。

就我個人而言，有一種很有名的碳酸飲料就不合我的口味，但是很多人都喝，所以我知道它是長銷型商品。因此，這只是我個人喜好的問題。

偶爾，我還是會在自動販賣機買這種飲料。

「或許我的喜好已經改變了？」

「或許這次喝，我就能明白為什麼有人喜歡這種飲料？」

我依然有好奇心。

把硬幣投入自動販賣機，按下按鈕。拉開滾出來的飲料上的拉環，一口喝下去。

結果我仍舊確定：

「我的喜好並沒有改變！」

「果然還是不合我的口味！」

然而，我認為透過幾枚硬幣就可以擁有這種經驗是值得的，所以我還是會不自覺地去嘗試。

你也可以去買從未看過的書。

以我來說，我就會花自己的錢，去買現在的我、以後的我都不需要的女性書刊，或與商業沒有直接關係的科學類專業書籍。

這麼做並不是要評論書的內容，而是想跨出自己的領域。擁有這種經驗，絕對值得，而且只要用一餐飯或兩餐飯的錢就可以做到。

你也可以走和平常不一樣的路，刻意讓自己迷路，或是中途提早在某個沒下過的車站下車。

一聽到「挑戰」或是「跨出自己的領域」，或許有人會不自覺地綳緊神經。但是，挑戰的種子隨時隨地都可能從天上掉下來，不要緊張，放輕鬆，試著去做，你就會愈變愈強大。

到能量高的地方走一走

針對很多人都感興趣的事物進行調查，也是拓展見識的好方法。

具體做法就是到人氣景點走一走，到有很多人聚集的場所看一看。

「我最怕到人多的地方……」

有人或許就是不喜歡到人多的地方。勉強自己去一個不喜歡的地方，只會精疲力盡，所以這麼做也沒什麼意義。不過，有時這種排斥其實只是個人的偏見或成見，我希望你至少可以先試一次。

事實上，我本身對於某些事情也存有成見。

這是有人邀我聽某人氣藝人演唱會時所發生的事情。

說實話，我對這位藝人完全不感興趣。這位藝人給我的印象談不上好或壞。受邀時，我真正的心聲其實是：

「連免費我都不想去！」

不過，同時我又想：

「去了或許會有什麼契機？」

於是，平常有挑戰習慣的我決定去看看。

這是我第一次看現場演唱會，真的非常精彩。

現場看與自己想像，完全不一樣。

就個人而言，演唱會是最佳娛樂；就商人而言，演唱會處處充滿啟發：

「我可以把這個創意融入我的事業裡！」

在那之後，我還主動邀請別人去聽演唱會。現在，我對藝人的表演都有點麻痺了。

能夠虜獲很多人的人，一定有他的魔力和原因。如果能夠置身事外，冷靜判斷，就會發現「我對這種流行沒興趣」是非常可惜的。

凡事都要講求平衡。如果自己也能有排長隊吃拉麵、去看演唱會、瘋狂追星的一面，不論作為一個人或一個商人，人生不是都會更廣闊嗎？

自己一人的視野畢竟還是有限，建立了多樣化的人際關係之後，直截了當接受他人的邀請，就可以用最快的速度拓展自己的視野。

即使自己完全沒有興趣，但看在開口邀約的人是你喜歡的人的分上，就多少動一下吧！

不要嫌麻煩！有時別人邀你，就去吧！

不做參加者而當主辦者

多樣化的人際關係是拓展視野的最大資產。

不過，盲目參加異業交流會，就算換到一堆名片，也無法建立有深度的人際關係。

看著一堆名片，滿心歡喜認為「人脈又增加了」，其實一點意義都沒有。因為只見過一次面，往往連長相和名字都對不起來。

如果要去這種交流會，**建議不要去只辦一次性的，而是選擇會定期舉行的交流會**，才有可能在數次的交流中結識與你真正投緣的人。

也可以和主辦人打聲招呼，順便幫忙。這麼做常有意想不到的收穫。

在交流會上雖然可以認識各式各樣的人，但擁有最特別的影響力和最多資訊的人，不是別人，就是主辦人。**去幫忙主辦人，然後就近學習，CP**

值絕對是最高的。

當然，刻意去接近主辦人，只會讓人覺得莫名其妙。建議分幾個步驟進行：首先，表明自己是站在交朋友的立場而想幫忙；其次，提供自己的資源；最後，才向對方學習。若用這種態度接近主辦人，彼此都可以建立起友好關係。

如果因此對辦活動產生興趣，下回也可以由你主辦這種交流會。

企畫交流會、聯絡參加者、準備當天會場，然後實際營運。還不熟悉這些業務時，的確會搞得人仰馬翻，但如果能因此得到許多參加者得不到的經驗，便會為你帶來如活水般的人際關係。

「未做先嫌」很可惜！

前面已經為大家介紹了各式各樣累積知識和經驗的方法。有的方法或許會讓你想要「躍躍一試」，有的方法或許會讓你「躊躇不前」。

不管如何，希望你至少要先試一、兩次。試過幾次之後，還是覺得「不適合我」，就不需要再繼續勉強做下去。

雖然我可以給你其他建議，但我畢竟只是個建議者，最後要去落實的人還是你。

創業也一樣，希望大家能夠以自己真正想做的事情為基調去創業，就是本書的一貫主張。

這一章所介紹的累積知識、經驗的方法也一樣。如果你從「利」的角度切入，只選擇做你認為對自己有好處的事，那麼，最後的結果極有可能除了累死自己之外，還看不到你想要的果實。

我認為，不論是「未做先嫌」或是「先入為主認定自己做不到」，都十分可惜。就算我所介紹的方法都不適合你，你還是可以想別的解決方案，用適合自己的方法，努力吸收知識和磨練技術。

累積一定程度的經驗之後，再回頭來看這本書，如果你有「那時很排斥，但現在或許可以試試看」的感覺，並樂於參考的話，我會非常喜悅。

後記——帶著你的脆弱追求成功

大家覺得如何？我已經根據個人經驗，透過最淺顯易懂的文字，為大家說明創業初期最容易跌倒的一些重點。

指導過一萬多位創業者和經營者之後，我更確定——

「創業者本人的意志決定一切。」

不管是什麼樣的事業，一定會碰到麻煩和危機。創業初期是如此，就連事業極盛時期也可能碰到好幾次。

這時，如果有「跑去做那個似乎比較有賺頭！」「早知道我就不要創什麼業了！」的念頭，而對現在經營的事業置之不理，那麼你的事業永遠不會成長。當然，你這位創業者也一樣不會成長。

軟銀（SoftBank）的孫正義先生，是我最喜歡的一位企業家。我對他的意志力佩服得五體投地。

縱使股價只有原先的百分之一，縱使年營業額連續四年赤字，他還是一本初衷，要讓全日本都有寬頻網路可用。孫正義先生超越了「自己真正想做的事情」，並在這種使命感之下，完成了讓「夢想成真」的豐功偉業。以「真正想做的事」為主軸的創業者，就是有本事化腐朽為神奇，將不可能變成可能。

因為，這樣的人在創業的過程中，會對他的想法產生共鳴，並願意伸手協助的貴人，一定會出現。

不論是什麼樣的人，都會想做有意義的事情，過有意義的生活。

所以，絕對不能小看追求「有意義的事情」和「有意義的生活」，而一心一意要走上創業之路的人。

「一心只想賺大錢」「一心只想趕流行，狠撈一筆」的人，他的身邊一定會黏著一堆想沾光的人。但是，一旦物質上、金錢上的誘因消失了，這些人就立刻鳥獸散。

然而，**有「真正想做的事」的人，他身邊所圍繞的人，不論他多窮困、多狼狽、碰到多大的危機，都不會棄他而去。**不但如此，甚至會樂於伸出援手，表示「我來幫忙」。

這也是我個人的想法，我認為：

「成功的企業家都是弱者。」

為了實現自己真正想做的事情，成功的企業家的確有過人的意志力和強勢的一面，但基本上，他們仍然無法一個人生活，而且是有很多弱點的「脆弱之人」。

我之所以想當創業家，並實現創業夢想，其中最大的原因便是我的父母。尤其是我的母親，她真的影響了我的一生。

我的母親在我七歲那年就過世了。雖然記憶有點模糊，但我記得她是一位非常纖細，為一點芝麻小事心靈就會受傷的「脆弱女子」。

當時，我看著母親，心想：

「我一定要做個堅強的人，才可以保護母親！」

母親離開之後，儘管歲月荏苒，但不管經過多少年，我對**「弱」**這個字，依舊充滿了排斥和敵意。

「我絕對不要像母親那麼脆弱！」

心心念念想變強的我，靠自己的意志力決定一切。我之所以這麼仰慕企業家，就是因為在我的心底，企業家是**「強」**的象徵。

我心目中理想的企業家，是一個什麼都會的萬能博士。

有願景、有源源不絕的生意點子、能夠下達明確又溫暖的指示、受下屬景仰、被客戶愛戴。自己所擅長的事情，當然出類拔萃，就算在業務、會計的領域，也都有高於平均值的表現。簡直就是無所不能，無所不知。

我深信，這種超人型的人創業，一定會成功。

一直想做這種人的我，卻碰到了一大障礙。這個障礙就是**「現實」**。

三十歲到東京創業之後，雖然我能夠用七年的時間，創辦年營業額五億日圓的公司，過程卻是一場災難。

顧客天天客訴，員工天天抱怨，狀況總是一波未平一波又起。除此之外，公司幹部之間也衝突不斷，我甚至因此害怕表達意見。

陷在這種漩渦中，我也曾經怨嘆自己的命運：

「為什麼只有我碰到這種倒楣事！」

但是現在回想起來，其實會發生那些狀況是理所當然的。

因為，**我太想成為「不是我的我」**。

因為，**我只能是我自己，但我卻想變成超人，而把許多虛構的理想塞給客戶、員工、幹部**，現實無法應變，自然就扭曲了。**發出淒厲叫聲的其實不是我，而是我周遭的現實狀況。**

我不認為當時所有的業務都是錯的，那時有那時的考量。我努力為顧客謀求幸福，我所提供的服務絕不偷工減料，因此我並不覺得內疚或丟臉。

不過，我個人的狀態卻有許多該反省的地方。

「企業家必須完美，必須事事都強！」

這是我個人的偏見。而就是因為這個偏見，我強迫許多人要跟著我的腳步走。

創業家、企業家，就算弱也沒關係。

因為弱，自己做不到的事情，就會好好拜託並由衷感謝。

因為弱，就會更貼近顧客的心。

因為弱，就會察覺到自己的不足然後努力改善。

這種「弱」的人，會手牽手一起描繪明日的碩果和幸福的情景，所以不論在事業上或為人處世上，都會朝著值得做的方向前進。我是打從心底這麼想的。

在這裡，我想大聲對看完本書的你說兩句話：

「請不要做你以外的其他人！」

「就做你自己！請誠實地活下去！」

我在這本書裡提出了許多建議，但是我從未說過「如果不能完美做到本書所提的一切，就不能創業」。

如果本書所寫的你能夠做到，當然最好；即使力有未逮，也完全不會影響你創業。

只要你有真正想做的事情，只要你可以活出志向，一定會有貴人伸出援手，助你一臂之力。

當然，你不可以從一開始就天真地認定「反正一定會有人幫我」，甚至以「我〇〇還不足」為藉口，讓想活出自我色彩的自己往後退縮，這是最糟糕的。

不可能一路都是綠燈，但只要繼續向前行，一定可以遇到綠燈。

你創業絕對會成功！

只要你繼續做自己，只要你承認自己的脆弱，只要你不斷改善。

我期待有一天能夠直接見到你！

祝你的人生、你的事業，都能鴻圖大展！

坂本憲彥

一人創業：

創業就是，做好一件你真正想做的事！

6つの不安がなくなればあなたの起業は絶対成功する

作者	坂本憲彥（Norihiko Sakamoto）
譯者	劉錦秀
主編	陳子逸
設計	許紘維
校對	渣渣
發行人	王榮文
出版發行	遠流出版事業股份有限公司 104005 臺北市中山北路一段 11 號 13 樓 電話／(02) 2571-0297 傳真／(02) 2571-0197 劃撥／0189456-1
著作權顧問	蕭雄淋律師
初版一刷	2019 年 10 月 1 日
初版十四刷	2023 年 12 月 6 日
定價	新臺幣 320 元
ISBN	978-957-32-8640-0

國家圖書館出版品預行編目（CIP）資料

一人創業：創業就是，做好一件你真正想做的事！
坂本憲彥著；劉錦秀譯.
初版. 臺北市：遠流，2019.10
272 面；14.8 × 21 公分
譯自：6つの不安がなくなればあなたの起業は絶対成功する
ISBN 978-957-32-8640-0（平裝）

1. 創業 2. 職場成功法

494.1　　108013824